恋上你的家

大数据教你装修

王拥群 郭翀 编著

U0201136

清华大学出版社

北京

图书在版编目（CIP）数据

恋上你的家：大数据教你装修 / 王拥群 , 郭翀编著 — 北京：清华大学出版社 , 2018
ISBN 978-7-302-49765-3

Ⅰ.①恋… Ⅱ.①王… ②郭… Ⅲ.①住宅—室内装修 Ⅳ.①TU767

中国版本图书馆CIP数据核字（2018）第031109号

责任编辑： 张　宇
封面设计： 张希源
责任校对： 王淑云
责任印制： 王静怡

出版发行： 清华大学出版社
　　　　　　网　　　址： http://www.tup.com.cn , http://www.wqbook.com
　　　　　　地　　　址： 北京清华大学学研大厦 A 座　　**邮　　编：** 100084
　　　　　　社 总 机： 010-62770175　　　　　　　　　**邮　　购：** 010-62786544
　　　　　　投稿与读者服务： 010-62776969, c-service@tup.tsinghua.edu.cn
　　　　　　质量反馈： 010-62772015, zhiliang@tup.tsinghua.edu.cn
印 装 者： 北京博海升彩色印刷有限公司
经　　销： 全国新华书店
开　　本： 210mm × 210mm　　　**印　张：** 11　　　**字　数：** 447 千字
版　　次： 2018 年 2 月第 1 版　　　　　　　　　**印　次：** 2018 年 2 月第 1 次印刷
定　　价： 59.00 元

产品编号：079107-01

如何阅读这本书

不拽词、不浮夸、不铺陈美图，因为这只是一本帮你解决家装问题的工具书

01

为了解决什么问题

本报告根据链家 2013-2017 年二手房 / 新房成交数据进行数据挖掘

这本书有四大实用板块

Part1 家装趋势大数据报告
从房的维度、人的维度、诉求的维度细剖装修动机。

青色标注

02

为了解决什么问题

改善居住、结婚、单身自住、孩子上学、安享晚年——不同诉求不同装修痛点

这本书有四大实用板块

Part2 手把手教你做：这 5 类典型居住诉求，该这么装修
基于 5 类典型居住诉求的 22 个真实装修案例

蓝色标注

03

为了解决什么问题

买到 70、80 后, 90 后, 2000 后的老房子, 你该怎么装

这本书有四大实用板块

Part3 不同年代的老房子，该这么装修
针对不同年代房屋的装修对策和 6 大房屋基础性能升级

绿色标注

04

为了解决什么问题

知识大储备，这些装修的坑，千万别踩

这本书有四大实用板块

Part4 装修知识 9 步走：前人蹚过这些坑
细细讲述，娓娓道来

紫色标注

还有这些小心思

侧页颜色

每一章每一节都有不同颜色和位置，方便您迅速翻到

真数据 / 案例

每一个选题点都来自于真实数据和真实案例，如"工长提醒"

北京买房家装实用指南
编委会成员

总编	王拥群、郭翀
副总编	孔令欣、李文、王志伟、樊卓鹏
主编	赵晓曦、张曦元
编辑	曾胜男、多国丽、丁可心、曹灵
编委 / 顾问委员会	孔令欣 贝壳金控集团 CEO、王志伟 贝壳金控副总裁、樊卓鹏 贝壳金控装修金融事业部总经理、汪启帆 万链装饰总经理、李文 万链装饰天津分公司总经理、许宏琛 万链装饰工程部经理、赵彬 实创家装总经理、李冰华 业之峰总经理 、石乐天 住范儿联合创始人 、戴江平 今朝装饰董事长、崔文科 新洲装饰总经理、郜亮 悦装网 CEO、邢学斌 宜乐家总经理、甘宇 世纪华庭装饰总经理 、刘晨骏 觅糖总经理、周闻颖 龙发副总经理
购房趋势与数据挖掘支持	链家研究院、链家大数据中心、万科城市研究院
装修金融专业支持	贝壳装修分期产品中心
特约支持	清华大学经管学院房地产协会
设计师顾问组	巩丽颖、李永、李彦超、洪微、杨小娟、范桐桐、刘洋、刘鹏、李国福、徐帅、赵艳、郭东丽、晃颢毓、杨雪、王海燕、周鹏、彭葳、张粟、赵博、刘凯、陈弘刚
工程顾问组	周旭、刘瑞红、童志祥、赵连璧、吴曙峰、张海滨、许涛、毛秀兵、崔文正、卢斌
内容编撰组	董文娟、刘琳琳、杜亚南、文秋莲、李哲、杨博、王春怡
版面设计组	袁鹏飞、李睿、王淑媛

王拥群博士
贝壳金控副董事长
兼首席战略顾问

为什么这本书不谈风格
只有满满的实用主义

很多人好奇地问我，你一个做金融的，为什么会出一本家装指南？这背后还真是有一些渊源。

一则，干消费金融，不懂场景不行。贝壳金控在 2006 年起步于链家金融事业部，我们聚焦于"居住领域"，也就是这四个场景：租房、买卖、家装、持有。在家装这个领域里，我们贝壳做的就是解决资金痛点的生意，帮助装修商，下到工长、施工队，上到主材供应商，一起给客户提供更好的家装体验。知悉"家装"的痛点，掌控"家装"的场景，把握"家装"的数据，这是贝壳金控一直在潜心修炼的能力。

与其说是我们主编了这本书，不如说是贝壳搭了这个台，联合很多志同道合的家装参与者，一起给行业出点力，给迷茫中的消费者一些启发。

第二个原因与我本人有关，也是我们可以把大家集中在一起的初衷。

我是个老链家人，在房屋买卖这个领域深耕好多年。家装是买房后必然的环节，但是这么多年，我目睹了完全不同的"买房诉求"，也亲历了不同买房人家装的痛。同样一套 70 ㎡的老房子，为了出租还是为了孩子上学而装修，选择的预算、功能、结构是完全不同的。比如后者，一个预算有限的妈妈，面临一套"老破小"学区房时，她至少要解决三个居住问题：1. 在这里至少被"钉住"到孩子上完小学，住 6 年，不可能不装吧？2. 老房子怎么改，水电格局怎么改、性能怎么提升？3. 怎么在小格局里同时满足一个孩子的独立空间，怎么安排来帮着带孩子的父母，以及一家三代人的物品收纳问题！

但是很遗憾，我看到很多家装的书籍或媒介，很多都还是在谈功能，这个瓷砖那个木门，很多还只是在谈风格，巴洛克还是新中式，但我手上过的这么多的真实数据和真实的痛点，好像并没有怎么被提及，或者说，系统性地解决不同类型的诉求，是我希望引导的一次尝试。很开心，我们的想法得到了贝壳的合作伙伴链家的大力支持，也与万链一拍即合，还得到大量行家里手的支持。

经过前后 5 个月时间，我们挖地三尺，把链家北京 2013-2017 年二手房 / 新房成交数据整个"挖掘"一遍，对 38 位房产买卖经纪人与 124 位买房客户（买房中、成交后）进行了焦点小组访谈与一对一深度访谈，并通过贝壳金控、链家，以及外部线上线下调研平台收集到 32704 份有效问卷。这就是全书的基础，也是我坚持要在书中附上《2018 年北京买房家装趋势大数据报告》的原因。报告中的维度是从北京每一个小区的特点、每一户人家的痛点，抽离而来，有只能买到一个 50 ㎡ 小房子的窘迫，也有面对 80 年代老旧户型的无所适从。所以这本装修书绝不谈风格，只解决实际的痛点。

大家看到的这本书，是一个集体作品，在骨架上，凝结着国内最优秀的家装企业的经验和智慧。虽然全书由我和万链的郭翀"冠名"，其实我们代表的是这本书的编委会，除万链之外，还有很多各具特色的家装企业参与，像北京很老牌的实创、龙发业之峰，他们在北京有十多年的装修经验。当然也有"很 80 后"、"很互联网"的住范儿、悦装网等，他们提供了很多客户端的角度和接地气的表达。

借这个机会，我也深深地感谢这 10 家优秀的家装企业的支持，包括 21 位设计师顾问、8 位施工顾问，以及大数据挖掘的技术团队成员、内容编撰组和排版设计组。没有你们，就没有这本沉甸甸的作品。

在这个想法划过脑海时，我就给这本书定了个调子——不拽词、不浮夸、不铺陈美图，因为这只是一本帮读者解决家装问题的工具书，希望它可以帮到读者。

郭翀
万链总经理

帮助用户解决装修痛点
是万链的不懈追求

互联网家装公司出书？似乎是一件很出人意料的事情，但万链就是这么做了。

家装是一个从来就不缺少竞争的市场，品牌、材料、设计、风格……五花八门，参差不齐，但似乎很少有家装品牌在设计产品时考虑到人居需求，万链的产品恰恰强调品质化和科技感，试图通过产品解决生活痛点。诞生于万科和链家强强联手之下的万链，希望像住宅行业的万科、二手房行业的链家一样，唤醒家装行业的品质化自信。

万链敬畏市场的方式，就是不断根据市场需求升级产品和开发新产品，让产品在市场上接受广大客户的检验，"寻找方式活下来"。通过深入上万组精准客户进行调研摸底，万链发现：30~35 岁用户群每天平均累计使用卫生间的时间将近 2 个小时；一个普通家庭每天花在厨房的时间大约为 2.5 小时；92% 的家装设计没有充分考虑到用户的收纳需求……为了解决用户这些痛点，万链两年三次迭代产品，真正做到以"高于行业一个标准"的要求，服务千万家庭。

万链从不将自己定义成装修公司，而是定义成地产后服务的全面家居解决方案的领导品牌，从 2015 年成立至今，万链一直致力于通过产品帮助用户解决生活痛点。所以当李文跟我聊起贝壳金控的王董想做一本针对北京地区装修用户痛点的"装修指南"时，我觉得这个想法跟万链一直坚持的追求不谋而合，而且如果这个创意能实现一定非常有意义。万链跟贝壳金融一拍即合决定一起合作出这么一本书，希望用北京地区最真实的数据和案例，手把手教有着不同装修需求的用户应该如何装修。

万链拥有丰富的二手房改造经验和极具功能性的老房性能升级对策，这些诚意满满的干货都被编入了这本书中，我们希望这本书能发挥出工具书般的作用，帮助北京地区有装修需求的用户们解决装修过程中的种种难题。

谨以此书，献给北京有装修需求的每个家庭。

砥砺前行，唯有更好！

装修诉求
为了改善居住

43.4%

北京 43.4% 的人为了改善居住买房

P030 50 ㎡ 房，住下爸妈和两朵姐妹花
解决痛点：
31.2% 的购房者担心有了二孩儿房子不够住

P034 大户型住宅如何把人性化装修做到极致
解决痛点：
13.6% 的购房者担心居住不够舒适

P038 居住在"聪明"的房子里是什么体验
解决痛点：
10.6% 的购房者担心居住不够便利与健康

P042 上有老下有小，民宅也豪华
解决痛点：
30.4% 的购房者担心不能兼顾老小

P046 别墅做好分区，自住舒适，待客有面儿
解决痛点：
20.2% 的购房者担心别墅装修不够"有面儿"

P050 给"猫大人"辛巴造一个新家
解决痛点：
3% 的购房者担心没有宠物的空间

P054 80后"海龟"如何打造属于自己的小惊喜
解决痛点：
10% 的购房者担心与爸妈同住没有独立空间

装修诉求
为了单身
自住

16.1%

北京 16.1% 的人是买套房自己住

P080 单身女主编，如何打造个性化空间
解决痛点：
32.6% 的购房者担心装修太平庸

P084 每周就住两天，那我也要装修得美美的
解决痛点：
17.2% 的购房者担心房子颜值不够高

P088 精致蜗居：房子虽小，亦能五脏俱全
解决痛点：
50.2% 的购房者担心房子功能不齐全

装修诉求
为了结婚

24.3%

北京 24.3% 的人在买婚房

P058 小夫妻低预算改造婚房
解决痛点：
33.4% 的购房者担心预算不够

P062 典雅美式之家，无处不在的浪漫
解决痛点：
13.4% 的购房者担心房子装得不够美

P066 两人一猫，在 40 ㎡ 里也能耍得开
解决痛点：
17% 的购房者担心房子太小

P070 如何打造充分的私人空间
解决痛点：
8% 的购房者担心婚后没有私人空间

P076 85 ㎡ 花园房，待产妈妈的悠闲时光
解决痛点：
28.2% 的购房者担心装修不环保

装修诉求
为了安享晚年

2.9%

2.9% 的北京人为了安享晚年买房

P092 老人房的便利和时尚，让无数年轻人羡慕
解决痛点：
40% 的购房者担心居住不够安全

P096 四世同堂：如何让老人安享天伦之乐
解决痛点：
32% 的购房者担心房子不够休闲

P100 浓浓中式风，为爸妈旧居换新颜
解决痛点：
28% 的购房者担心老人居住不舒适

Part 4

PART4

装修知识9步走
前人蹚过这些坑

"装修一套房，像是被扒了一层皮。"辛又折腾。这一部分的装修干货都是采访一线设计师和工长而来，让您能掌控装修质量和时间点，而且还能防止上当受骗。

如果不了解装修知识，您会觉得装修艰

开始

前期准备

主体拆改

完结　**卫生间工程**

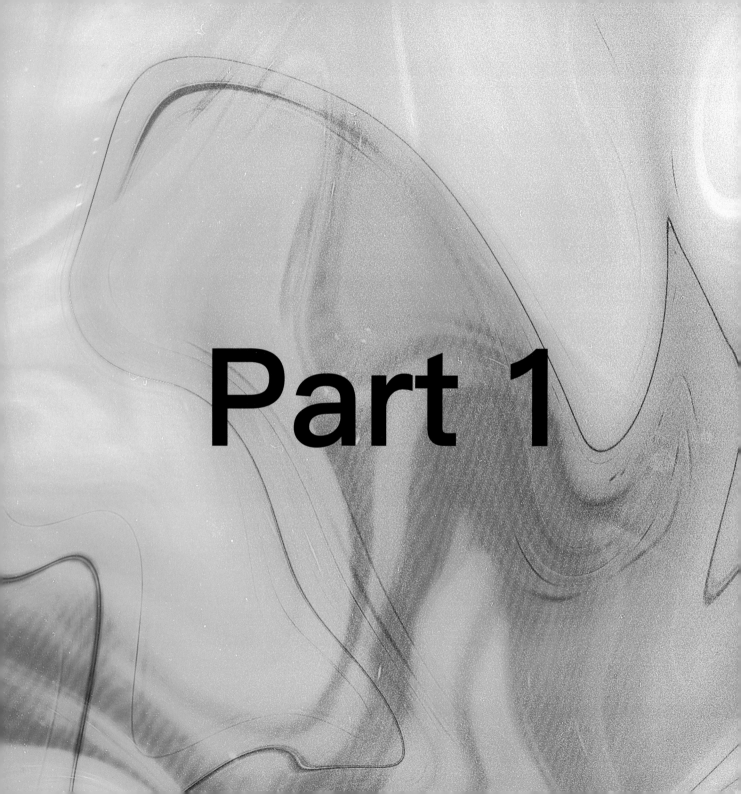
Part 1

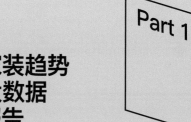

Part 1

家装趋势
大数据
报告

本报告根据链家
2013-2017 年二手房 /
新房成交数据进行数
据挖掘，从房的维度、
人的维度、诉求的维度
细剖析不同诉求生发
出的装修动机。

家装趋势大数据报告

引 为什么本书要原封不动地引用这份《2018年北京买房家装趋势大数据报告》？甚至说，本书是报告的副产品都不为过。因为在调研的过程中，才更加坚定本书的立意，在北京，买房诉求决定了装修选择。基于对五类诉求的洞察，才延展出本书的重点篇幅，且每一个知识点、每一个案例的收集，都是为了解决报告反馈出来的用户痛点，比如，为了孩子上学而买房的家长们，三成的装修痛点是：怎么在老而小的房子里，多做出来一间儿童房。

2017年，中国城镇化人口率达到约60%，这给家装行业的发展带来了巨大机会，全国家装行业产值超过1.7万亿元，其中北京家装市场的规模在526.8亿元左右。"互联网+"兴起，装修从最初游击队开始到线下和线上相结合，向品牌化、标准化方向进化。

为了给家装行业上下游参与者提供更多的决策参考，贝壳金控、万链、链家自2017年年中联合发起《2018年北京买房家装趋势大数据报告》的调查与研究。经过前后5个月时间，根据链家2013-2017年二手房/新房成交数据进行数据挖掘，并通过贝壳金控，链家，以及外部线上线下调研平台收集到32704份有效问卷，分析梳理而成这个报告。其中，报告撰写小组对38位房产买卖经纪人与124位买房客户（买房中、成交后）进行了焦点小组访谈与一对一深度访谈。

> **2018年**
> **北京买房家装**
> **趋势大数据报告**
>
> **调研说明**

调研目的: 北京家装趋势研究，帮助家装行业上下游参与者决策参考
调研维度: 从三个维度推演趋势，房的维度、人的维度、需求的维度
调研人群: 北京居住人群、买房人群（买房中、成交后）、房产买卖经纪人
调研/分析方式: 深度访谈（焦点小组、一对一面访）、抽样调查、大数据挖掘
大数据支持: 链家研究院、链家楼盘字典

建筑是每个城市的外化表征，不同城市大不相同。自2009年开始，北京二手住宅成交量第一次超过新房。2016年，北京二手房成交占比高达74%，其中58%的房屋是2000年以前的——这是北京买房家装的现状。已经进入全面存量住宅时代的北京，二手房装修占比约70%，新房装修主要集中在环京地区。

本报告将从三个维度进行趋势挖掘，**第一，房的维度。**从年龄、户型、交易、变化趋势这四个角度，描摹出北京的房子全貌。**第二，人的维度。**我们试图勾勒出装修人群在年龄、地域、预算、态度、信息获取渠道等方面的样子。**第三，诉求的维度。**为了改善而买房、为了结婚而买房、年轻单身青年为了自住而买房、为了孩子上学买房、为了老人养老而买房。在北京，成交10套房子，6套是换房，在换房的趋势下，涌动的其实是"改善居住"的主流诉求。我们会从诉求出发，细细剖析不同诉求生发出的装修动机。

一、房的维度: 北京的房子素描

家装的第一步, 看标的物的状态——也就是房具体什么特征。同样是老房翻新, 装修一套 70 年代的大开间和一套 90 年代的小两居, 是完全不同的思路。弄清楚"房"的现状, 才能有的放矢。截至 2017 年年底, 北京的小区数量为 10465 个, 房屋总数约 760 万套。其中用于居住的房屋有 688 万套, 占比约 90%。北京的房屋记录在册的, 最早建筑年份为 1903 年, 是前海的四合院。报告的这一部分将从年龄、户型、交易、变化趋势这四个角度, 描摹出北京的房子全貌。

北京四成的存量房老过 17 岁

北京不同"年龄"的房屋占比如下图所示。70 年代房屋, 占存量房屋的 3%;
80 年代的房屋存量约 71 万, 其中 90% 以上都是已购公房和央产房; 90 年代
及 2000 后的房屋在存量房中占比约 85%, 当时正是商品房的爆发时期。

 2000 年后　 90 年代　 80 年代　 70 年代

北京存量房年代分布

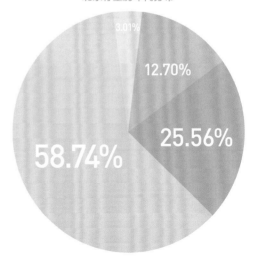

3.01%
12.70%
25.56%
58.74%

截至 2017 年 11 月 30 日
来源: 链家楼盘字典 链家研究院

003

不同年代北京房屋成交量占比

2017 年成交的房，2000 年前的也占四成

根据过去 1 年中（2016.11–2017.11）链家北京存量房成交数据显示，房龄越老，交易越少，这好理解，但把成交的所有房子加总在一起，2000 年以前的房子也占了约 43%。70 年代的房子，虽然在总存量上占比 3%，但交易量占比更小，只有 1.8% 左右，约 1000 多套，原因可能在于房屋年龄太大，不能贷款。

2000 年后
90 年代
80 年代
70 年代

1.80%
27.39%
13.55%
57.26%

2016.11–2017.11
来源: 链家楼盘字典 链家研究院

最主流户型一直是两居室，但三居及以上越来越多

从 20 世纪 70 年代至今，两居室都是最常见的户型。随着时代变迁，两居室占比在逐步减少。70 年代占比约为 62.34%，到 2000 年后占比约为 43.31%，两居室的数量减少了近 20%。另一方面，三居室及以上的数量增加了 18%，原因是北京家庭人口数量增加和对居住舒适度的要求与日俱增。一居室及以下的占比一直稳定，约占 25%。

不同年代北京房屋户型占比

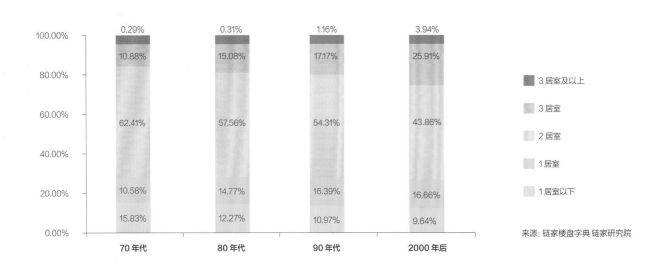

	70 年代	80 年代	90 年代	2000 年后
3 居室及以上	0.29%	0.31%	1.16%	3.94%
3 居室	10.88%	15.08%	17.17%	25.91%
2 居室	62.41%	57.56%	54.31%	43.86%
1 居室	10.58%	14.77%	16.39%	16.66%
1 居室以下	15.83%	12.27%	10.97%	9.64%

来源: 链家楼盘字典 链家研究院

不同时代房屋特征

从 1970 年后到 2000 年后，每个时代的房屋都有自己鲜明的时代特点。

不同年代的
北京存量房
特征与改装难点

年代特征	70 年代及以前	80 年代	90 年代	2000 年代及以后
房屋类型	四合院和筒子楼为主	福利分房为主	商品房为主	商品房
特点	* 装修市场相对少见	* 最常见的是红砖楼，一般不会超过 6 层 * 东南西北都有窗，就是不通透	* 开裂预制板吊顶 * 经验不足的粗糙房	* 现浇钢筋混凝土结构 * 更关注性能、环保的升级
装修难点		没有厅、墙面掉皮、暖气难打扫	水管裸露老化、墙面开裂、电线裸露	带瓷砖的厨卫、仍然被暖气熏黑的墙面、仍然裸露在外的水管

不同年代的北京存量房特征与改装难点

越老越贵，不装不能住

根据链家的成交数据，过去 1 年（2016 年 11 月 –2017 年 11 月）房屋交易的均价为 71701.25 元 / ㎡。我们将均价和房龄做了联动分析，发现这个规律：老房子贵得多。

其中 70 年代、80 年代的房子中，均价在 10 万元以上的占比都在 20% 以上，主要原因是老房子大多在市中心地段，教育资源比较丰富。90 年代的房屋中，33.5% 的房屋均价在 4 万~6 万；在 2000 年以后的房子，44.58% 的价格集聚在 4 万~6 万的区域。

我们在一对一深度访谈时发现，房子越旧，由于原装老化，装修风格过时，翻新的需求就越强烈。

其中，为了教育而买房的家庭中，装修需求也更为刚性。如果选择自住，则需要在该区域至少居住 6 年以上，孩子的自主空间、家庭的收纳、甚至包括老人的居住需求，都有非常明确的实用诉求，远远超过对装修风格的选择。如果出租，则也需要翻新以提升租金价格。

来源：链家楼盘字典 链家研究院

不同年代房屋交易的均价情况

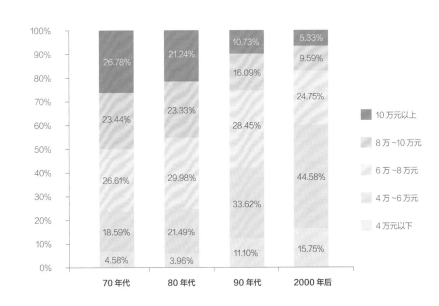

图例：
- 10 万元以上
- 8 万 ~10 万元
- 6 万 ~8 万元
- 4 万 ~6 万元
- 4 万元以下

	70 年代	80 年代	90 年代	2000 年后
10 万元以上	26.78%	21.24%	10.73%	5.33%
8 万~10 万元	23.44%	23.33%	16.09%	9.59%
6 万~8 万元	26.61%	29.98%	28.45%	24.75%
4 万~6 万元	18.59%	21.49%	33.62%	44.58%
4 万元以下	4.58%	3.96%	11.10%	15.75%

二、人的维度：装修房子的都是谁

说完装修的标的物——房子，**现在再谈谈谁在装修，以及为什么装修？**这就是这个调研报告的另外两个重要部分，人的维度和需求的维度。

为此，我们通过贝壳金控、链家，以及外部线上线下调研平台共收集了 32704 份有效问卷，并对 38 位房产买卖经纪人与 124 位买房客户（买房中、成交后）进行了焦点小组访谈与一对一深度访谈。虽然样本量并不大，可能不能完全代表庞大的北京市场，但从细部入手，结合过去 5 年北京房产成交的趋势数据，我们还是找到了一些可堪参考的轨迹。

北京家装人群中 50% 左右的用户年龄处于 30~40 岁之间，装修的区域主要在石景山、海淀、朝阳、丰台等区域，环京占比也不少。装修面积主流为 70~90 ㎡，装修预算在 10 万 ~20 万元之间，装修的时候 60% 以上会选择分期或贷款等方式，熟人介绍是比较靠谱的方式，整装成为发展的新趋势。

北京家装面积占比

70~90 ㎡是主流家装面积

装修面积在 70~90 ㎡之间占 37%，50~70 ㎡的小户型占比是 24%，90~120 ㎡的房屋面积占 21%，150 ㎡以上和 50 ㎡以下的占比都相对比较少。

北京家装面积占比
来源：北京家装趋势抽样调查（32704 份有效问卷）

面积	占比
50 ㎡以下	5.88%
50~70 ㎡	23.53%
70~90 ㎡	36.76%
90~120 ㎡	21.32%
120~150 ㎡	6.62%
150 ㎡以上	5.88%

北京家装预算分布

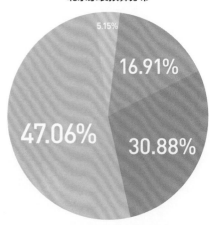

- 5.15%
- 16.91%
- 47.06%
- 30.88%

■ 5 万 ~10 万元
■ 10 万 ~20 万元
■ 20 万 ~40 万元
■ 40 万元以上

多数人的家装预算是 10 万 ~20 万

调查发现，47.6% 的人装修预算（基础施工＋主材＋辅料＋软装）大约在 10 万 ~20 万元，30.88% 会花费 5 万 ~10 万元，20 万 ~40 万元装修预算比例占 16.91%；只有 5% 以上的家庭装修预算在 40 万元以上。

北京家装预算分布
来源：北京家装趋势抽样调查（32704 份有效问卷）

60.2% 的装修者想借钱装修

由于数据所限，我们只是进行了大样本的"态度"调查，结果大大出乎意料，有 60.2% 的用户愿意选择分期，也就是借钱装修。原因多为"北京的房子贵，没钱装修"等。根据贝壳金控副总裁王志伟总结，在北京装修**涉及预算有三类问题：没钱装修、装修中发现钱不够、有钱装修但钱有其他用途**。

根据对小规模已成交客户的深度调研，结合贝壳装修分期的经验数据，最终，会有 20% 的人使用装修贷款或家装分期等金融产品。

为什么会存在 60% 的家庭有货款意愿，但是只有 20% 的家庭做出真实行动的鸿沟？问题可能出在接触点、产品匹配程度上。据贝壳金控副总裁王志伟介绍，在前期的市场调研和试运营中，发现客户对贷款额度、贷款期限以及分期方式很敏感。这个数据也给装修金融企业一个非常好的启发，市场还有较大空间待挖掘。

在装修时，是否愿意选择家装分期等借贷产品

否
是

30.80%

60.20%

北京家装贷款意愿调查
来源：北京家装趋势抽样调查（32704 份有效问卷）

北京装修，更希望选择哪种方式

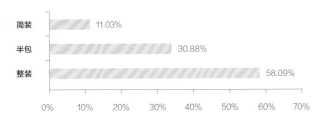

简装　11.03%
半包　30.88%
整装　58.09%

0%　10%　20%　30%　40%　50%　60%　70%

一站式解决方案是趋势

数据显示，58.09% 的装修者选择整装，即（施工＋主材＋辅料）全部由装修公司负责，整体家装去中间化，去渠道化，提高了生产效率，降低了服务成本，让用户更加省时、省心、省力。这种消费的升级，让更多的用户喜欢和接受。

北京家装方式意愿调查　来源：北京家装趋势抽样调查（32704 份有效问卷）

熟人推荐是选择装修公司或工长的主要方式

35.84% 的装修者选择装修公司或者工长是通过熟人介绍，可见在装修过程中，一家好的装修公司或者工长是有口碑效应的。16.85% 的人是通过互联网家装找到装修公司或者工长，13.26% 的人会选择去装修公司的线下门店。房地产开发商推荐，百度搜索，地铁户外广告也能吸引装修用户展会、报纸或杂志，对用户的吸引力比较小。

北京家装信息获取渠道调查
来源：北京家装趋势抽样调查（32704 份有效问卷）

选择装修公司的方式

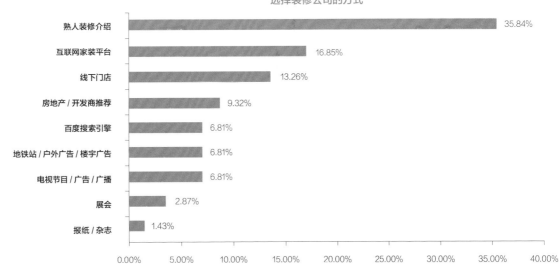

熟人装修介绍　35.84%
互联网家装平台　16.85%
线下门店　13.26%
房地产／开发商推荐　9.32%
百度搜索引擎　6.81%
地铁站／户外广告／楼宇广告　6.81%
电视节目／广告／广播　6.81%
展会　2.87%
报纸／杂志　1.43%

0.00%　5.00%　10.00%　15.00%　20.00%　25.00%　30.00%　35.00%　40.00%

为什么买房? 这可能是装修的源头。这与个人喜好、风格偏爱不相干, 是强烈地受生活所处阶段、家庭实际需求影响。同样一套 70 ㎡的老房子, 为了出租和为了孩子上学而装修, 选择的预算、功能、结构是完全不同的。而同样一套 135 ㎡的新房, 是精英小两口为结婚而买, 还是想接父母来北京团聚, 做出的家装选择也是大相径庭的。

所以, 我们的调研把焦点放在看房中、成交后的买房群体上, 挖掘他们真实的需求, **这也是报告撰写小组为什么一定要把"北京买房"标注在标题上的原因。**北京的家装需求, 小部分来自于存量, 多数产生于交易——买完后才装。

我们很幸运地挖掘到北京人"为什么买房"的 5 类典型需求, 这个结果对家装行业来说, 可能非常珍贵。

北京买房 5 类典型诉求

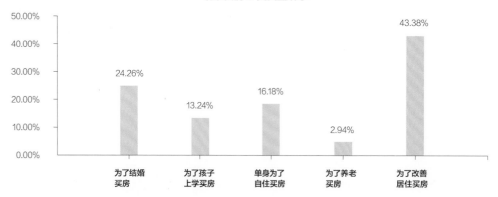

北京买房 5 类典型诉求

在北京, 43% 的人是为了改善居住条件买房, 其中改善的主因可能是单纯的居住质量提升, 但主流还是希望老人小孩一起住更大的房子, 当然, 在我们的调查中, 为了二孩儿, 也是一个刚刚兴起的原因。

24% 的人是为了结婚买房; 16% 的人是买套房自己住, 这一诉求多为青年或单身; 13% 的人是为了孩子买房, 只有不到 3% 的人是为了养老买房。养老买房可能是老人自己从市区换到环境更好的近郊, 也可能是成年子女为了孝敬爸妈, 买一套离医院更近、生活更方便的房子, 甚至有些老人因为居住的小区没电梯, 而选择从 6 层换到 1 层。经验数据是, 在买卖 10 套北京的房子中, 有 6 套是换房, 在换房的趋势下, 涌动的其实是"改善居住"的诉求。当然, 还有一些投资客, 是为了买卖赚差价, 或者多买一套出租, 在房子不是用来炒的大前提下, 这些诉求被我们剔除。

改善居住诉求: 主流为兼顾老小

改善居住的主要群体是 70 后和 80 后购房者, 45% 的人是为了兼顾老人和小孩, 主要是因为小孩与父母同住, 要确保每个人都有自己独立的空间。27% 的人注重功能分区, 希望每个区域都有特定的功能, 各个功能之间相互联系又互不干扰。13% 的人看重品质, 装修每个细节, 把人性化发挥到极致。10% 的人希望有现代化的智能家居, 省时省力又美观, 科技感十足。在改善居住中, 也有 3% 的用户要考虑为宠物创造一个共处的环境。

改善诉求装修调研
来源: 北京家装趋势抽样调查 (32704 份有效问卷)

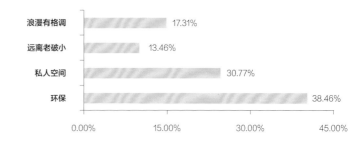

结婚诉求: 多数重视环保

购买婚房装修的人群中, 38.46% 的人重视环保, 主要是为了迎接宝宝的到来; 30.77% 的人希望结婚后, 可以有自己的私人空间; 17.31% 的人追求浪漫, 喜欢简单有格调, 不断地有惊喜; 13.46% 的人装修是因为买的二手房实在太老、太破, 需要更好的居住环境。

结婚诉求装修调研
来源: 北京家装趋势抽样调查 (32704 份有效问卷)

自住的装修需求

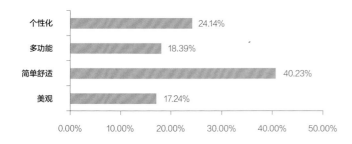

自住诉求: 40% 的人追求简单舒适

买房自己住, 大多数是 80-90 后群体, 在装修过程中, 约 40% 的人追求极简风, 远离复杂的装饰, 简单舒适就好; 24.14% 的人喜欢个性化, 认为装修是根据个人不同生活习惯而设置; 18.39% 的单身年轻人装修注重多功能, 因为房屋面积较小, 卧室会兼书房, 过道会兼工作间, 客厅会兼有衣帽间功能等; 17.24% 的单身买房自己住, 装修注重颜值, 每个角落都要美美的。

自住诉求装修调研
来源: 北京家装趋势抽样调查 (32704 份有效问卷)

教育诉求: 30.95% 的人希望有儿童房

为了孩子买房, 在装修过程中, 31% 的人会考虑给孩子一间儿童房, 会根据不同年龄段进行布置, 让孩子独立成长; 31% 的人会注重提高空间使用率, 主要是孩子东西多, 需要收纳; 21.4% 的人买房装修是为了孩子有好的学习环境, 让暗房子变亮, 老房子变新; 16.7% 的人装修是因为家里有二胎, 老人要来住, 需要打造可以拆解的空间。

自住诉求装修调研
来源: 北京家装趋势抽样调查 (32704 份有效问卷)

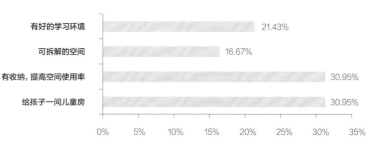

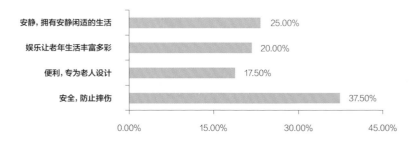

为了养老买房的装修需求

养老诉求：近36%的受访者需求安全

在养老买房的装修人群中，37.5%的人首先考虑的是安全，防止各种摔伤滑倒，有安全保障；25%的人会考虑安静，减少噪音，拥有安静闲适的生活状态；20%的人考虑娱乐，有地方可以喝茶打牌，让老年生活更加丰富多彩；17.5%的人考虑便利，要有各种专为老人设置的设施，提高生活的便捷性。

养老诉求装修调研
来源：北京家装趋势抽样调查（32704份有效问卷）

装修最担心什么

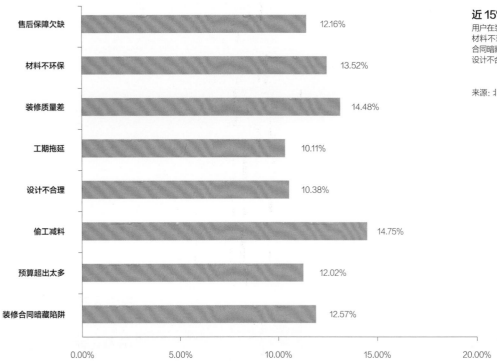

近15%的受访者怕装修偷工减料

用户在装修中最担心的是：偷工减料、装修质量差、材料不环保；其次担心的是：售后保障欠缺、装修合同暗藏陷阱、超出预算太多；其他担心的问题有：设计不合理、工期拖延。

来源：北京家装趋势抽样调查（32704份有效问卷）

看重客厅、卫生间、厨房

装修过程中 22.48% 的人会更加注重客厅，因为客厅是共享的空间，它不仅是待客的地方，也是居家生活和社交宴客的主要活动场所。卫生间和厨房在装修过程中的重要性也不能忽略，主要是卫生间和厨房装修很复杂，水路和电路的顺畅和安全性要求很高，而且要注重防滑、防潮。

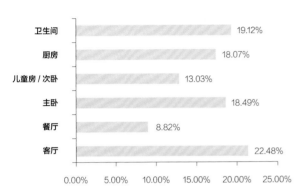

装修更看重哪个空间

来源: 北京家装趋势抽样调查 (32704 份有效问卷)

多数用户重实用远超美观

调查发现，相比美观，用户更在意家装的质量，其次才是性价比和功能性。家装行业门槛低，施工人员的管理和技术水平参差不齐，质量问题时常发生。施工质量差，是用户担心的主要问题，只有良好的质量才能保证品质家居。

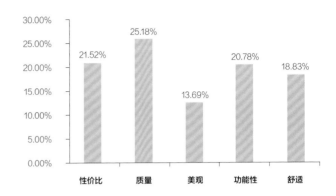

家装中用户最在意的

来源: 北京家装趋势抽样调查 (32704 份有效问卷)

四、北京家装四大趋势

趋势一: 旧房翻新在增加
1. 家装市场旧房翻新高达 70%，50% 以上的房子是 2000 年后的房子。
2. 年代较久远的房屋，因为装修过时，格局不合理，装修的需求越大。

趋势二: 消费者越来越在乎"实用"
1. 装修面积大多在 70~90 ㎡，以 2 居室为主。
2. 装修预算在 10 万 ~20 万元。
3. 装修的诉求根据不同人群的购房需求而产生。
4. 相比美观，家装的质量更重要。

趋势三: 家装分期将大行其道
1. 家装分期满足了家装中支出的三大痛点: 第一，没钱装; 第二，钱不够; 第三，

钱有它用。这三种情况非常常见，比如，在北京购房的高预算下，很多家装消费者面临"有钱买没钱装"的窘境，或者，希望用质量更高的材料或者更个性化的装修方案，但是预算不支持。当然还有一种情况，是装修本来留足了预算，因为钱在投资或者理财里不舍得取出来，或者直接是希望能留有一些钱以备不时之需，如果能"借钱装修"，将一笔大支出切割成定期的小支出，能够熨平家庭现金流。
2. 家装分期的发展有巨大的空间。
3. 好的家装分期产品需要满足消费者三类诉求: 额度更高、房款更快、使用更简。

趋势四: 升级版的整装会成为主流
一站式的整体家装服务，提高了效率，降低了成本，让用户省时、省心、省力，这被越来越多的消费者所接受和喜欢。

Part 2

手把手教你做：这5类典型居住诉求，该这么装修

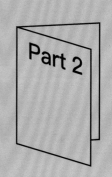

Part 2

在很多人眼里，一次装修得住大半辈子，其实不然，家庭成员会变，人的品味会提升，房子的装修应该考虑到全家庭的生命周期，比如新婚夫妇，三口之家，孩子上学，二孩儿来临，与父母同住。

装修诉求 为了孩子上学变变变，超级妈妈打造"随变"住宅

装修诉求一览

- ●**谁住:** 美馨、德宝爸和 7 岁的儿子德宝
- ●**房子:** 96 ㎡两室一厅 / 北京市丰台区阳光四季社区 /1997 年的房子
- ●**想要:** 一个随家庭成员的改变而改变的房子，收纳空间要够大，全家人都要住得舒适。

"家里人口不固定，如何在有限空间内满足不同阶段的需求是我最发愁的事，我希望打造一个可拆解的空间。"

美馨看了无数套房，可只有这套次卧"傻大傻大"的房子打动了她。问她为什么? 她说:"站在足有 25 ㎡的次卧里，当从两面而来的阳光照耀在我身上时，我觉得这就是我在找的房子。"家里有一个孩子，将来会有第二个; 孩子的爷爷奶奶并不固定居住，每年大概会过来住 3 个月——这些实际情况决定了在未来数年，美馨家的住宅格局都会有不同的变化。所以，美馨想要的，就是一个会"变化"的房子。

设计师支招

利用可移动柜体或折叠门打造多变空间满足各个阶段的需要，足够美馨一家未来 10 年用。

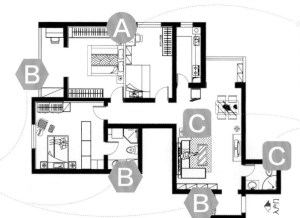

A 一室二室空间如何随意变

加了一道隔断，开了一道门
有父母来住，一屋变两屋
有了二胎也完全够住

B 超大容量的收纳空间如何变

玄关放收纳柜
卧卫改衣帽间
收纳空间多出 10 ㎡

C 由暗到明的软装如何变

客厅背景让空间更亮
过廊如同星空
小卫生间用瓷砖"增大"

设计师
巩丽颖

今朝装饰资深设计师，玉泉营居然之家主任设计师，从业十余年。
设计理念：设计的核心是一种创造行为，设计要求新、求变、求不同。

A 一室二室空间如何随意变

加了一道隔断，开了一道门

这个户型最大的缺点就是有一个特别大的次卧，足有 25 ㎡，空间非常浪费。但其实它两面有窗，可以利用可移动柜体或折叠门作为房间的隔断，就可以轻松改变房间的格局。

加隔断门，一间房间变两间

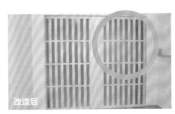

改造后

书架也可用于隔断

除了折叠门，还能用移动柜体与大书架来作为房间隔断，不仅起到分隔作用，还能储物与收藏书籍，一举多用。

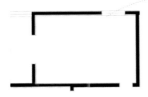

改造前

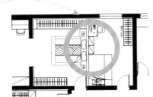

改造后

有父母来住，一屋变两屋

如果老人来住，折叠门拉上就成了两间屋子，互不打扰。而且老人房里有一个大阳台，老人每天晒晒太阳，对身体健康有利。

有了二孩儿也完全够住

把折叠门收起来，两间屋子并一间屋，这就成了德宝玩耍的空间。而且，儿童房放了上下儿童床，二孩来了也不怕。爷爷奶奶过来住，两个宝宝睡上下床；爷爷奶奶不来住，折叠门打开就成了两间儿童房。

改造前

改造后

玄关放收纳柜

从进门开始，德宝妈就打造了收纳环节。2.5 ㎡的玄关当然要好好利用，放了一张宽 1m、高 1.8m、深 0.4m 的收纳柜，上半部分放置进出门的包包、衣物，下半部分放鞋子，这对于德宝一家是够用了。

改造后

改造后

玄关收纳柜。

卧室卫生间改为衣帽间。

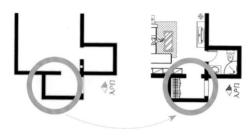

玄关设置收纳柜，衣服鞋帽不会乱糟糟。

卧室小卫生间改成衣帽间，收纳空间大增。

卧卫改衣帽间

德宝妈觉得，主卧里的卫生间容易让环境潮湿，而且气味不好，于是她把主卧卫生间改成了一个衣帽间，三面墙全放上了储物柜，她每天打开门就看到满屋的衣服鞋子，觉得真是美梦成真。

收纳空间多出 10 ㎡

对于一套合理利用的住宅，房子的收纳空间必须做到建筑面积的 10% 以上，整个家才不会显得乱糟糟。在这套房子里，德宝妈在能用的地方都放上了储物柜，把收纳做到了最大化，总体加起来足有 10 ㎡以上。她的收纳能力，每个朋友见了都赞叹不已。

客厅背景让空间更亮

客厅只靠一个 3 ㎡的小阳台采光，户型已无法改动，但可以从软装上给客厅增加亮度。客厅中背景墙整体为喷漆效果，配上玻璃茶镜，在餐桌边显得更加明亮，增加了一家人对食物的欲望，同时使得空间采光更明亮。

①小阳台让客厅采光十分有限。
②背景墙设置玻璃茶镜，让空间变亮。

过廊如同星空

过廊顶面的设计通过 S 型造型处理，既遮盖了管道，同时又缩短空间的纵深，顶面的装饰灯效果极其漂亮，使空间不再单调。德宝说，他非常喜欢在过廊下走，就像在星空下！

小卫生间用瓷砖"增大"

卫生间很小，只有 2 ㎡，所以墙面砖在砖缝处做了45 度倒角处理，使得空间更具立体感，增大视觉效果。

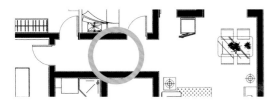

墙面砖在砖缝处做 45 度倒角处理，空间具有增大效果。

过廊顶面 S 型造型处理，让空间更美观。

本案例装修花费参考

● **硬装：9 万元** 含翻新、水电改造
● **软装：8 万元** 柜体定制等
● **分期总额：17 万元**　**分期方式：等本等息**
　分期时长：36 期 每月还款：5643 元

装修诉求 为了孩子上学

妙妙，爸爸妈妈
终于给了你粉色公主房

装修诉求一览

● 谁住：妙爸、妙妈与 10 岁的女儿妙妙
● 房子：60㎡两室一厅 / 北京市石景山永乐小区 /1998 年的房子
● 想要：收纳空间增大，给妙妙一个公主房

"我和妙爸一点一滴筑起新家，妙妙是我们的珍宝，我们希望在这里一天天陪伴妙妙成长。"

解决痛点

16.8%

购房者担心
房子太老、太破

报告显示，在为孩子买房与装修的家庭中，16.8% 的家庭希望老房子变新。为了孩子，很多父母不惜买下"老破小"，但"老破小"也可以变成亮堂堂的新房，孩子和父母依旧可以住得很舒适。

为了孩子上学，妙爸与妙妈买下了这套老房子。住的时间长了，老房子的问题就纷纷跑了出来，屋子暗、潮、下水道反味，储物空间也不够用，最重要的是，妙妙念叨了好久，她想要个粉色的公主房。终于，在住了 3 年之后，夫妻俩决定重新装修。搬家、租房、装修的折腾自不必说，但当妙妈打开房门，妙妙看着新家高兴欢呼的那一刻，夫妻俩觉得，一切辛苦都是值得的。

设计师支招

房子老了，总会出现各种问题，不仅让居住不舒适，也会有害健康。从细节改造，让老房重获新生。

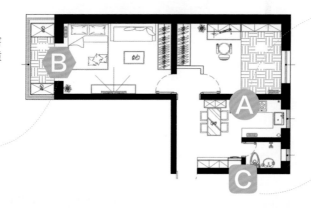

A 暗房子如何更"亮"

拆掉厨房墙，光照洒进客厅
终于有了粉色公主房
圆形吊顶，视觉变高

B 小房子如何更"大"

两间卧室都用了榻榻米
衣柜、书架，顶天立地
洗衣机可以放客厅

C 老房子如何变"新"

卫生间三分离
厨房藏起瓶瓶罐罐

设计师
李永

今朝装饰主任设计师，从业 7 年。
设计理念: 设计以人为本,注重空间的结构设计、
动静分区的完美组合、色彩的合理利用。

A 暗房子
如何更"亮"

拆掉厨房墙, 光照洒进客厅

在原户型中, 不到 5 ㎡的小客厅是个暗厅, 白天也要开着灯, 所以妙妙从来不在这里看书写字。
新家的厨房打掉了墙体, 这下, 暗厅再也不暗了。

拆掉厨房墙,封闭式厨房变开放式厨房,客厅变得敞亮。

改造前

改造中

改造后

厨房改造前后对比

终于有了粉色公主房

妙妙的房间, 不仅墙是粉的, 床是粉的, 储物柜是粉的, 书架是粉的, 连窗帘都是粉的。现在, 妙妙常常穿着蓬蓬裙扮公主, 那个粉窗帘就是她的幕布。

改造前

改造后

改造前

改造中

改造后

圆形吊顶, 视觉变高

原来的老式吊顶让本来层高就不高的房子更显矮小, 新的圆形吊顶让视觉变深, 而且妙爸说, 圆形吊顶体现中国天圆地方的文化, 希望全家人都堂堂正正。

两间卧室都用了榻榻米

在这个实际使用面积只有 40 ㎡的房子，妙妈特地订做了两个榻榻米，一个放在主卧阳台，长 2.2m、宽 0.6m，不仅用来储物，三口之家在这里晒太阳、聊天，别提有多惬意了。

在阳台处放置榻榻米

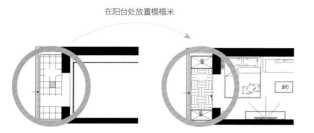

改造后　改造后

改造后　改造后

改造后　改造后

衣柜、书架，顶天立地

家里的家具大多定制，而且都有一个共同特点：顶天立地。衣柜、书架都顶面贴墙顶，不浪费一点面积。

改造后

洗衣机可以放客厅

在这个小房子里，不足 2 ㎡的卫生间显得寸土寸金，大胆把洗衣机从卫生间挪出来吧。放哪里呢？放客厅的橱柜可好？一家人不用憋憋屈屈地用卫生间了！

老房子如何变"新"

卫生间三分离

洗衣机挪出去后，可以满足三分离式卫生间的要求了，坐便器、面盆与浴室分开，卫生间才更清洁。

改造中

改造中

改造后

改造后

厨房变大

拆掉厨房墙后，双开门冰箱挪到餐厅，厨房变大不少。

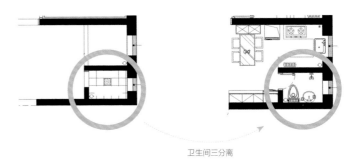

卫生间三分离

本案例装修花费参考

- **硬装：10 万元** 含翻新、水电改造
- **软装：6 万元** 柜体定制等
- **分期总额：16 万元** 分期方式：等本等息
- **分期时长：12 期 每月还款：14000 元**

装修诉求 为了孩子上学

一居室多造一间房，
4岁皮球要独立成长

解决痛点

23%

购房者担心
孩子没有独立的房间

报告显示，在为了孩子买房与装修的家庭中，
23%的家庭希望房子能有一间儿童房。孩
子已经长大，给他一间自己的房间，让他独
立成长吧！

装修诉求一览

● 谁住：爸爸妈妈和皮球
● 房子：47㎡一室一厅／北京市房山区京西景园／2002年的房子
● 想要：多出一间儿童房，最好父母来了也能住

"皮球大了，不能再和爸妈睡了，我们觉得重新装修，让孩子有自己的空间，也为了
他上小学做准备。"

这套47㎡的房是皮球妈与皮球爸结婚时买的，房子虽然小，但皮球还是小皮球时，三人住着也不嫌挤。现在皮球4岁了，
已经长成一个半大小伙儿，这可让皮球妈陷入苦恼："这孩子太黏人，得训练他独立睡觉了。"可让她更发愁的是："这
是个一居室的户型，怎么改才能多出一间儿童房呢？"看了设计师的设计稿，直到装修结束，她的愁眉才舒展开，她长
出了一口气，笑着对儿子说："从现在开始，你再怎么黏着我，我也要把你撵到自己房间睡了。"

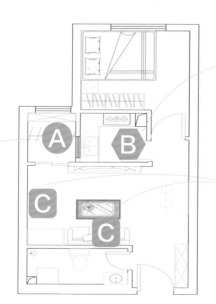

设计师支招

如何多出空间让孩子分房睡，
这是让很多小面积住房家庭烦
恼的事。所以我们就需要在有
限空间内挖掘一切可能。

B 如何让孩子有更宽敞玩耍的空间

拆掉厨房墙体
伸拉式餐桌让空间可大可小
油烟问题也不怕

A 如何做出孩子独立空间

晾晒阳台改成儿童房
小空间大收纳
晾晒功能也不能忘了

C 爷爷奶奶来了，还能有地方住吗？

背景墙预留隐形床位置
客厅收纳多出3㎡
运用颜色使空间变大

设计师
范桐桐

北京世纪华庭装饰设计师, 从业10年。
设计理念: 设计来源于生活, 同时又高于生活, 学会
在生活中有一双发现美的眼睛。

晾晒阳台改成儿童房

房子朝南有一个1.9m×1.3m的空间, 原是晾晒阳台, 现在改成了皮球的儿童房。小是小了点, 不过好在不仅阳光充足, 更重要的是皮球终于有了自己的小天地。皮球说, 这个每天睁开眼都能看到太阳公公的房间, 他很喜欢!

阳台改造为儿童房

改造前　改造后

改造后　改造后

书桌摆放位置

儿童房放置
一张带储藏
功能的床

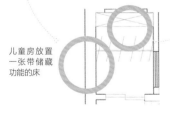

小空间大收纳

皮球的玩具和衣物越来越多, 爸爸妈妈给他的房间装了两个收纳机关, 一个是实木榻榻米, 上面当床, 下面是储藏抽屉; 还有一个是墙顶部安装储物柜, 中部制作隐形板, 这张隐形板平时立在墙上, 皮球学习时就取下来做写字桌。

晾衣杆位置

智能拉伸晾衣杆满足全家人的晾衣需求。

晾晒功能也不能忘了

晾晒区必不可少, 在儿童房的窗外, 做了一个智能向外拉伸的晾衣杆, 一次可以同时伸出两组晾衣杆, 完全满足全家人的晾晒需求。

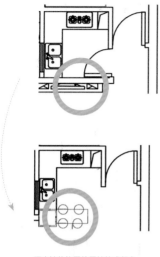

B 如何让孩子
有更宽敞玩耍的空间

拆掉厨房墙体

在原来的户型中,客厅大部分采光只能借助阳台,现在把厨房与客厅相邻的墙拆掉变成开放式厨房,厨房的光源可以投射到客厅,整个客厅更加明亮。而且,客厅的长度增加近一倍,这下,皮球可以在家跑来跑去。

原来墙体位置放置拉伸式餐桌

改造后

改造前

拆掉墙,封闭式厨房变开放式厨房,空间变宽,采光变好。

伸拉式餐桌让空间可大可小

当然,厨房原墙体的位置也没有闲着,在这里放一张长1.2m、宽0.6m的伸拉式餐桌,不仅可以用来吃饭,爸爸也可以在餐桌上办公。不用时餐桌收纳到冰箱一侧,一点都不耽误皮球玩耍。

油烟问题也不怕

油烟问题也提前考虑好了,运用装饰帘分割空间,不让油烟呛到皮球小朋友。

C 爷爷奶奶来了
还能有地方住吗

背景墙预留隐形床位置

皮球爷爷奶奶偶尔会过来小住，带带孙子。虽然已经挤不出独立房，但在沙发背景墙位置安装了隐形床，晚上拉上隐形床自带的装饰隔档帘，即可供爷爷奶奶休息了。

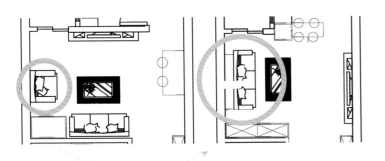

把沙发挪到狭长客厅长的一面，更合理利用客厅的户型，沙发后面设置隐形床。

改造后

沙发挪到客厅长的一面

客厅收纳多出 3 ㎡

爷爷奶奶的收纳空间也不能不考虑进去，利用卫生间墙体位置，定制整体衣柜，供老夫妻两人的储物使用。

改造前

改造后

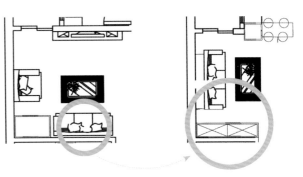

沙发挪走后，靠墙放置衣柜

运用颜色使空间变大

整体颜色搭配是粉色和白色，让空间更加温馨，且浅色具有空间扩张的效果，增加了整体的视觉延伸。而且，橱柜选用红棕色、沙发选用蓝色，整个空间更加活泼生动。

改造后

多种颜色的和谐搭配，让客厅更显活泼。

本案例装修花费参考
- 硬装：**6.6 万元** 含翻新、水电改造
- 软装：**3.9 万元** 柜体定制等
- 分期总额：**16.5 万元**　分期方式：等本等息
- 分期时长：**24** 期　每月还款：**7700 元**

装修诉求 为了孩子上学

空间叠加，
住宅多出50㎡储物空间

解决痛点

10%

购房者担心
房子收纳空间不够

报告显示，在为孩子买房与装修的家庭中，10% 的家庭希望有更多收纳空间。有孩子的家庭，往往面临着孩子的衣物、玩具、图书堆积的状况，这时候，提高空间利用率就显得尤为重要。

装修诉求一览

- 谁住：一家三口 / 80 后爸妈 Joe、小白及 5 岁的孩子
- 房子：83 ㎡两室一厅 / 北京市海淀区上林溪 2010 年的房子
- 想要：简约不简单，空间使用率要高

"我们俩都怕麻烦，就喜欢简约还稍稍有些设计感的东西，卫生间不要太大，储物空间要足够，简约不简单就是我想要的家。"

"有孩子后发现家里空间明显不够用了，就换了现在这套，虽然也不大，但好在能改造一下啦。"小白跟编者说道。她和老公都是律师，他们现在的房子是生了娃以后换的。生活虽然简单，但两个人对装修也有自己的想法——家里的空间绝能不能浪费，所以编者在这对夫妻的家里看到了各式各样的收纳装置。"这让我们生活方便了不少，我俩工作要求平时穿衣都比较商务，休闲衣服买多了也不用顾虑卧室没地儿放了，周末穿上美美的衣服出去，整个人都神清气爽。"

设计师支招

少即是多，为家里的空间做个减法。

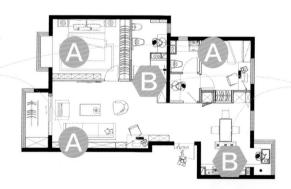

A 空间叠加，提高储物容量

客厅背景墙设储物柜
主卧的展示柜与大衣柜
儿童床结合衣帽柜
卫生间、阳台增设储物柜
收纳"小心机"

B 小户型如何让居住更舒适

打掉主卫隔墙
打造开放式厨房

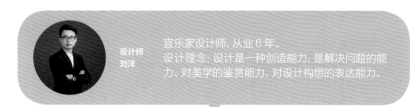

设计师 刘洋

宜乐家设计师，从业 6 年。
设计理念：设计是一种创造能力，是解决问题的能力、对美学的鉴赏能力、对设计构想的表达能力。

 A 空间叠加
提高储物容量

83 ㎡的房子，对有孩子的家庭来说显得局促，如果要增加空间，首先要提高空间的叠加使用率，其次收纳物品要归类。蓝色区域是比原空间多出来的储物空间，比原来增设近 50 ㎡储物空间。

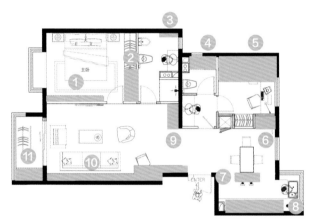

1. 箱包、首饰展示柜区 10 ㎡
2. 衣柜储物区域
3. 洗漱用品收纳区
4. 洗衣用品储物柜 2 ㎡
5. 次卧箱体床与衣帽柜结合，增加 6 ㎡
6. 隐藏式到顶的高柜
7. 厨房岛台区增加了储物空间

8. 开放厨房储物空间更充足
9. 满满的隐藏式运动设备储物区域
10. 沙发背景墙做暗格储物柜，20 ㎡
11. 阳台增设 3 ㎡满墙储物区域，收纳换洗衣物

客厅背景墙设储物柜
这个暗藏的储物柜占据了客厅的整面背景墙，足有 20 ㎡，家里主要用来收纳书籍与零碎杂物。

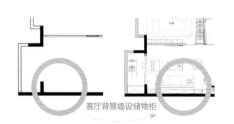
客厅背景墙设储物柜

改造后
沙发背景墙储物柜

改造后

主卧的展示柜与大衣柜
Joe 与小白住的主卧，增设了一张有 10 ㎡的展示柜，用来放箱包与首饰。主卧还放了一个顶天大衣柜，足够两个人放衣物。

儿童床结合衣帽柜

孩子住的儿童房很小，但小白买的床带储物箱体，又与衣帽柜结合，足足增加了 6 ㎡的空间。

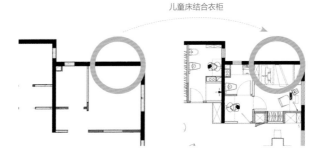

儿童床结合衣柜

改造后

改造后

改造后

主卫储物柜。

阳台储物柜收纳换洗衣物。

卫生间、阳台增设储物柜

主卫增设洗漱用品收纳吊柜，次卫增加 2 ㎡洗衣用品储物柜。阳台的 3 ㎡满墙储物柜，则用来收纳换洗衣物。

收纳"小心机"

走进小白家，处处能感受到收纳"小心机"，比如说入户玄关可以挂很多件衣物的挂衣架、主卫外隐藏式运动设备储物柜，还有餐厅的一个凹角，也被设计成隐藏式到顶的高柜。

各处都设置了小心机

餐厅凹角放置到顶高柜

改造后

B 做减法
空间更舒适

打掉主卫隔墙

根据女主人的喜好,把原有的主卫生间外的隔墙打掉,使整个空间连为一体,卫生间一下子变得宽敞明亮。白色的隐形门也与客厅墙体十分和谐。

改造后

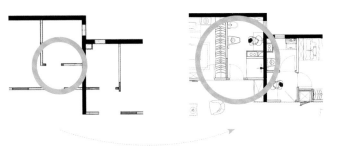

主卫隔墙被打掉,卫生间变宽敞

打造开放式厨房

爱上做饭从开放式厨房开始。将原有的厨房隔墙拆掉,使厨房与餐厅连为一体,既让空间扩大,也让做饭上菜更方便,从入户门到餐厅再到厨房,一气呵成。

改造后

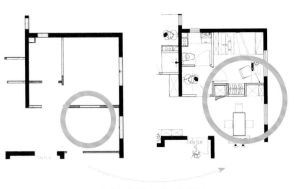

拆掉厨房隔墙,变为开放式厨房

本案例装修花费参考

● 硬装: **10.2 万元** 含翻新、水电改造
● 软装: **6.2 万元** 柜体定制、沙发和双人床为意
大利进口家具
● 分期总额: **16.4 万元** 分期方式: 等本等息
分期时长: **18 期** 每月还款: **9862.78 元**

装修诉求 为了改善居住
50 ㎡房，
住下爸妈和两朵姐妹花

解决痛点

31.2%

购房者担心
有了二孩儿房子不够住

报告显示，在为孩子买房与装修的家庭中，31.2% 的人是为了二孩儿的到来。家里有了第二个孩子，但家里面积就那么大，怎么办？这就得用到空间挪移术。

装修诉求一览

- ●谁住：一家四口 / 80 后夫妻涂先生、涂太太及两个女儿
- ●房子：50 ㎡一室一厅 / 宝盛里小区 1998 年的房子
- ●想要：一房改两房，更多储物空间

"小女儿正在长大，大女儿也要上小学，房子已不能满足一家四口的居住，希望能将一房改成两房，而且还要有足够的储物空间。"

80 后的涂先生与涂太太大学毕业后在北京打拼多年，终于买下这套位于清河的房子。小夫妻俩一点一滴搭窝筑巢的场景仍历历在目，时光荏苒，这套 50 ㎡小房子的人口由 2 个变为了 4 个，如今姐姐大涂涂 6 岁，妹妹小涂涂 2 岁。"房子住出了感情，几年内不会卖掉它，但确实不够住了，"涂太太看看在阳台玩耍的俩姐妹，接着说，"姐妹俩大了，不能再缠着父母住一屋，给她们改造出一间卧室，让这俩姐妹自己成长去吧！"

设计师支招

一房改两房，巧借客厅空间和光线。

A 如何多出一间儿童房

实体电视墙
推拉门设计

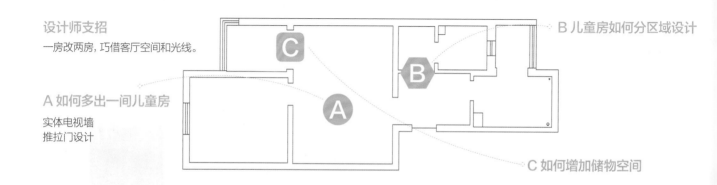

B 儿童房如何分区域设计

C 如何增加储物空间

设计师
刘鹏

实创装饰资深设计师, 从业 10 年。
设计理念: 每一个空间都有自己的属性, 对使用者来说都有着一种特定的意义, 因此设计要从居住者出发。

A 如何多出一间儿童房

房子最大的改造需求就是增加一间儿童房, 为了孩子们有更好的休息玩耍的空间, 设计师在客厅阳台处辟出一块长条, 通过实体电视墙和透明推拉门与客厅隔断开。由于原来的客厅进深比较长, 加了隔断之后, 客厅的基本功能依然在, 对日常家庭活动并无影响。

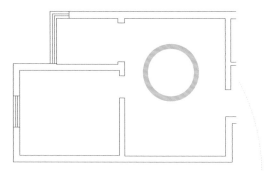

用推拉门隔出两间房

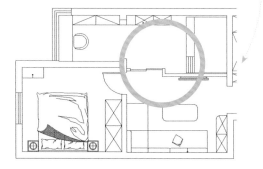

实体电视墙
原来的客厅由于没有一整面完整的墙, 电视不好摆放, 现在加了隔断后, 打造了一面实体电视墙。

改造前

推拉门设计
透明推拉门的设计主要是为了保证客厅白天的采光, 也方便孩子从儿童房到客厅的进出, 并且比普通门更省空间。

改造后

B 儿童房
如何分区域设计

考虑到两个女儿的年龄差，儿童房采取了分区域设计，两个女孩儿休息、玩耍、学习各不耽误。在这个使用面积不足9㎡（含阳台）的儿童房中，除了一张高低床、有一整面墙的储物柜，还有供大女儿学习的学习区，还预留了两个孩子的玩耍区。更体现设计师用心的地方，则是在房间里留了一面墙供孩子们涂鸦，简直不要太棒。

设置学习区和储物区

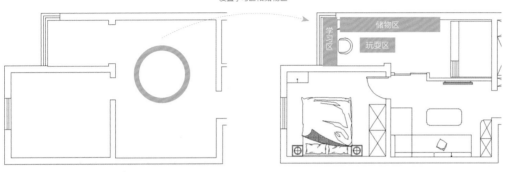

改造前

改造后

改造后

**如何增加
储物空间**

一家四口，尤其两个小女孩的衣物一定特别多，因此设计师将原来洗手间的干区做成了衣帽间，并且将厕所门由干区改到了湿区。这样做最大的好处就是衣帽间空间更大，原厕所门口也做了一组储物柜。另外，衣帽间和厕所之间有一道推拉门将二者完全隔离开，防止衣物潮湿。

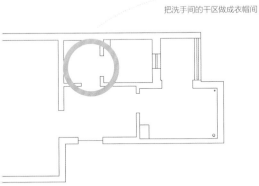

把洗手间的干区做成衣帽间

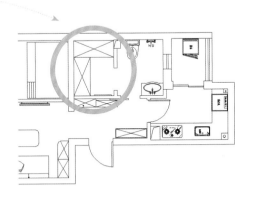

洗手间的干区做成了衣帽间，
储物空间增大。

改造后

玄关虽小，但放了个收纳柜，足够全家放取出门零碎物品。

本案例装修花费参考

● 硬装：**9 万元** 含翻新、水电改造
● 软装：**4 万元** 柜体定制等
● 分期总额：**13 万元** 分期方式：等本等息
  分期时长：**36 期** 每月还款：**4315.28 元**

装修诉求 为了改善居住

大户型住宅
如何把人性化装修
做到极致

装修诉求一览

● **谁住**：一家三口 / 70 后夫妻苏先生、苏太太及儿子
● **房子**：360㎡四室两厅 / 北京市八达岭孔雀城 2014 年的房子
● **想要**：中式、简单、满足休闲需求

"喜欢中式风格，但是不想装修得太老气，想简单点，住着舒服就行，孩子在寄宿制学校，在色彩上能适合两代人的审美，休闲空间满足我们日常需求。"

解决痛点

13.6%

购房者担心
居住不够舒适

报告显示，在为了改善居住的家庭中，13.6%的购房者想要住宅更人性化，居住更舒适。人性化的装修是什么？它是从居住者的需求出发，使家装实用化、贴心化。

苏先生和太太算是资深北漂，在北京打拼了多年，买房为了改善原有的居住环境，让家里空间更灵活些。苏太太是个很果断又有想法的人，一家人就一个宝贝儿子，少不了一切都以儿子为中心。"孩子在寄宿制学校，放假回家，对装修没什么要求，住着舒服就行。"采访时苏太太这样说。结合这家人的总体需求，设计师采用现代中式风格，简单大气，融合了古典和现代风，又不缺乏自在感与情调感。

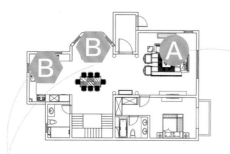

设计师支招

古典又不失活泼，让人性化淋漓尽致。

A 客厅如何更有空间层次感

协调储存和展示区域
利用线条、色彩营造空间感

B 如何更大地利用餐厅空间

拆除厨房承重墙
餐厅也有休闲空间

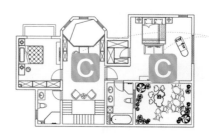

C 如何让卧室更人性化

家具、色调满足人性化需求
卧室外打造工作空间

设计师
赵艳

业之峰高级设计师，从业 9 年。
设计理念：持之以恒的学习是设计的来源，责任感是设计的原则，而灵感是设计的升华。

A 客厅如何
更有空间层次感

协调储存和展示区域

苏先生想要在客厅的位置有更加多的储存和展示空间，设计师选择了带多个储物空间的木质电视柜，还在空旷位置摆设了装饰柜，既可以储物又美观，整体格局平整通透。

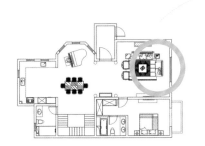

客厅增加展示空间

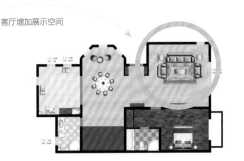

改造前

改造后

改造后

改造后

利用线条、色彩营造空间感

客厅以深色色调为主，白色为辅，两面墙体分别使用木质花纹造型对应皮质软包，吊顶、吊灯、地板主要采用简洁硬朗的线条，营造大气稳重的空间感。

B 如何更大地利用餐厅空间

拆除厨房墙

餐厅在客厅和厨房中间，前面有大片采光，南北通透，设计师在窗台前设计了休闲座椅，这里成了苏先生一家在茶余饭后闲聊休闲的好地方。

拆除厨房墙

改造后

改造前

餐厅也有休闲空间

厨房的面积偏小，厨房与餐厅之间的空间不能充分利用，利用率就成了困扰苏太太的大问题。设计师拆除了厨房原有非承重墙体，满足了各种用具的摆放和使用需要。

C 如何让卧室
更人性化

家具、色调满足人性化需求
卧室使用颜色较深的地板，色彩上给人温馨舒适的感觉，吊顶线条干净利落。主卧的床前特意放置了一个床前椅，旁边也放置了一个贵妃椅，方便主人放置衣物或者休息一下。

卧室设置满足主人的需求

改造前

改造后

卧室外的空间打造成工作区

卧室外打造工作空间
苏先生特意要求有一个舒适的工作空间，二楼卧室外的视角特别空旷辽阔，于是设计师将这里打造成工作休闲区，苏先生工作或者看书疲乏的时候，可以在这休息。

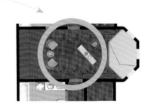

改造后

本案例装修花费参考

● 硬装：**110 万元** 含翻新、新风系统
● 软装：**45 万元** 柜体定制
● 分期总额：**50 万元**　分期方式：等本等息
分期时长：**36 期** 每月还款：16597 元

居住在
"聪明"的房子里
是什么体验

装修诉求一览

- ●**谁住:** 一家三口 / 70后夫妻文先生、文太太及儿子
- ●**房子:** 250㎡三室一厅 / 北京市朝阳区观湖国际2007年的房子
- ●**想要:** 智能、舒适, 提高生活品质

"中年人也很追求时髦的, 我希望家里能更现代些, 想要那种省时省力又美观的家居, 最好带点高科技, 每天下班回到家都舒舒服服的。"

解决痛点
10.6%

购房者担心
居住不够便利与健康

报告显示, 在为了改善居住的家庭中, 10.6%的购房者希望住宅更加现代化。智能家居是什么? 它就是让家居设备变得和人类一样充满"智慧", 让人的生活更加便利。

文先生是一家体育器材公司的老板, 在体验过一次智能家居后做出了一个决定。"有次在朋友家用了智能马桶, 太让人惊讶了, 不知道上厕所还能那样, 哈哈哈, 回去就跟我太太商量了一下, 决定给家里来个大改造。"第二天告诉上大学的儿子后, 儿子非常兴奋, 跟文先生说: "老爸你终于跟上时代了, 咱家那些老古董早该换一换了。"文先生哭笑不得地告诉编者: "智能家居, 听着就极具现代感, 酷劲十足。用文先生的话来说就是"不用不知道, 用了发现再也用不回去了"。

设计师支招

在智能的家里, 享受高品质的生活。

A 如何让客厅大气雅致

大型灯池配合天花板、墙面
多个热源设备控制室内温度
中央新风系统排气通风

**C 如何让卧室
更有归属感**

打造大气罗马柱造
型和背景墙
智能电动窗帘提升
品质

B 如何让厨卫干净智能

简洁统一的镶嵌式厨具
全自动洗碗机省时省力
智能马桶健康卫生

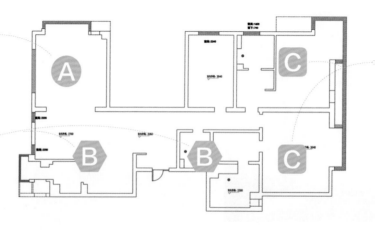

设计师
赵艳

业之峰高级设计师，从业 9 年。
设计理念: 持之以恒的学习是设计的来源, 责任
感是设计的原则, 而灵感是设计的升华。

A 如何让客厅
大气雅致

大型灯池配合天花板、墙面

文先生家的客厅之前灯光有些昏暗, 于是设计师在顶部采用绮丽的大型灯池, 整个天花板及墙面造型以曲线与直线相结合, 给家里营造了一种浪漫、大气的空间氛围。

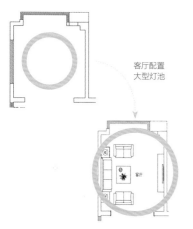

客厅配置
大型灯池

改造前

改造后

改造后

改造后

多个热源设备控制室内温度

文太太容易关节痛, 冬天更耐不了忽冷忽热。所以设计师采用变频空调 + 燃气热水炉 + 地暖等多个热源设备控制室内温度, 变频空调与燃气热水器分区域控制空间, 这样既保暖又能有效地节约能源。

①改造后多了个热源设备。

中央新风系统排气通风

采用中央新风系统，定点定量对室内进行通风。这样一来，家人呼吸到的都是新鲜空气，同时还能防霉防尘去湿气，能耗也不高，安全性有保障。

②全热交换新风系统。

② 新鲜空气
污染空气

如何让厨卫干净智能

简洁统一的镶嵌式厨具

休闲时文太太很喜欢做些蛋挞和小饼干，改造后的厨房空间简洁统一，采用镶嵌烤箱等厨具，既满足使用功能又美感十足。

改造后

改造后

水处理示意图

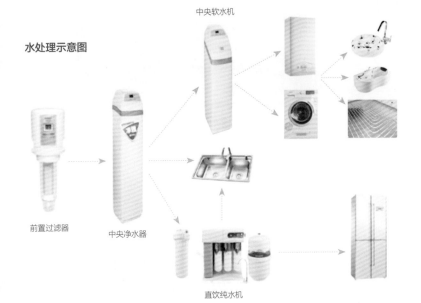

中央软水机

中央净水器

前置过滤器

直饮纯水机

智能马桶健康卫生

卫生间以大理石花纹做基调，安装有洁身功能和按摩功能的智能马桶。全轻触式的按键，喷头自洁，座式感应，预防细菌感染给家人，是一种全新的体验。

改造后

水处理系统让水更洁净

厨房安装了水处理系统，有效清除水中的各种细菌与杂质。而且还配置了全自动洗碗机，省时省力，去污能力强，操作简便。

C 如何让卧室
更有归属感

打造大气罗马柱造型和背景墙

在卧室的装饰上，通过设计让空间的装饰有特点，罗马柱造型、背景墙整体造型大气雅致，与电视背景墙相呼应，突出主人在家中的主导地位。

卧室打造罗马柱

改造前

改造后

改造后

改造前

③背景墙整体造型大气雅致。
④罗马柱造型。
⑤智能电动窗。

智能电动窗帘提升品质

轻松而舒适的环境才能给人带来归属感，文先生家的卧室窗帘采用智能电动窗帘控制系统，有定时开关、场景控制等功能，生活品质提升了很多。

改造后

本案例装修花费参考

● 硬装：**120 万元** 含翻新、新风系统
● 软装：**38 万元** 柜体定制
● 分期总额：**50 万元** 分期方式：等本等息
  分期时长：36 期 每月还款：16597 元

上有老下有小，民宅也豪华

装修诉求一览

● **谁住：** 万先生、林女士，将来还会有老人、孩子住
● **房子：** 110 ㎡复式（一层 70 ㎡，二层 40 ㎡）/ 北京市西城区 1982 年的老房子
● **想要：** 三代同堂、合理规划空间、北欧风

"我们比较喜欢北欧风，干净整洁，希望在有阳光的阳台吃早餐。"林女士满怀憧憬地说。

解决痛点

30.4%

购房者担心
不能兼顾老小

报告显示，在为了改善居住的家庭中，30.4% 的购房者希望住宅能兼顾老人与孩子。三世同堂的家庭，既有老人，又有孩子，这样的住宅装修就需要既满足老人又满足孩子。

这是一个一层建筑面积 70 ㎡ 的小复式，总层高 4.5m，二层为阁楼，为了满足万先生更多空间的需求，在二层阁楼做了 3 个独立的空间，并且一层的客厅采用挑高设计，不仅让一家人的公共活动空间不压抑，而且也满足了二层 3 个房间的采光。除了客厅的挑高设计，一层的餐厅位置也做了改造，目的是让餐厅和客厅这两个公共空间更通透，采光更好。

A 公共活动区域挑高设计

B 打通阳台，餐厅更通透

设计师支招

三代同堂，合理规划空间最重要。

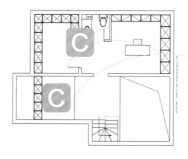

C 分隔出 3 个独立空间

扩充储物空间，避免卫生死角
借用客厅挑高采光

设计师 郭东丽　业之峰高级设计师,从业 10 年。
设计理念: 美、和谐、人文关怀。

A 公共活动区域
挑高设计

房子总层高 4.5m, 客厅位置进行了挑高设计, 不仅让一家人的活动空间显得更宽敞, 而且因为二层的 3 个房间没有窗户, 客厅的挑高也为 3 个房间带来了采光和通风, 真是一举两得。

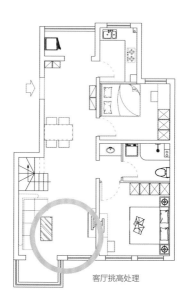

客厅挑高处理

改造前

改造后

B 打通阳台，
餐厅更通透

改造前，餐厅的阳台处有一扇平开门，改造后将其拆除，与餐厅融为一体，中间用窗帘做隔断。这样设计的好处是可以让阳台的阳光直接射进屋内，让不大的餐厅更加通透，满足女主人在阳光下享受早晨的憧憬；不想被外界打扰的时候，拉上窗帘就是一个私密的空间。

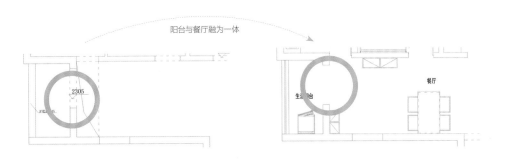

阳台与餐厅融为一体

改造前

改造后

C 分隔出 3 个
独立空间

扩充储物空间，避免卫生死角
因为阁楼斜角的原因，容易产生卫生死角，所以定制一组类似于多宝格的柜子，一是避免了卫生死角，二可以为阁楼增加储物空间，满足日常使用。

改造后

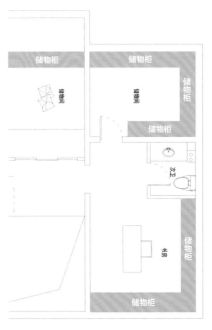

储物柜　储物柜
储物柜
储物柜
卫生间
卧室
储物柜
储物柜
卧室

借用客厅挑高采光
阁楼 3 个房间均没有窗户，采光和通风通过客厅的挑高解决。

改造前

本案例装修花费参考

- 硬装: **25 万元** 含翻新、水电改造
- 软装: **15 万元** 柜体定制等
- 分期总额: **40 万元**　分期方式: 等本等息
  分期时长: **36** 期 每月还款: **13277.78 元**

别墅做好分区，
自住舒适，待客有面儿

装修诉求一览

● **谁住:** 何先生、何太太及儿子
● **房子:** 387.8 ㎡的四室两厅 / 河北省廊坊市潮白河孔雀城 2014 年的房子
● **想要:** 功能分区、优雅精致、待客有面儿

"平时工作太忙了，在自己家就想好好放松。还有就是，可以邀请生意伙伴过来做客，招待舒服了，生意也就成啦！"

解决痛点

20.2%

购房者担心
别墅装修不够"有面儿"

报告显示，在为了改善居住的家庭中，27.27% 的购房者希望新买的大房子要够上档次，豪华但又不显得是"暴发户"。

何先生是一家私企的老板，这几年赚了点钱，为了一家人住得舒适买下了这套别墅。他说："以前房子小，家人都挤在一起，小小的客厅里，太太在练瑜伽，儿子在看电视，我在旁边思考公司未来。现在房子大了，就想好好规划下，一个屋子该用来干啥就干啥。"他一边想象着新家一边乐呵呵地说，"我要一个待客区，给太太一个大花园，儿子嘛，喜欢看电影，给他一个影音室吧！"

设计师支招

做好功能分区，让空间大而不空。

A 每层都有特定功能

负一层: 炫酷影音室
一层: 高大上的待客区
二层: 可办公可休息
三层: 露台有个大花园

B 优雅精致的新古典主义

进门第一眼很重要

设计师
李国福

实创设计师，从业 12 年。
设计理念：感性与理性，实用与艺术，适当的标新立
异，低调的心境，在城市中安安静静的存在着。

A

每层都有
特定功能

负一层：炫酷影音室

这间影音室色彩以黑色搭配咖啡色为主，营造出一个好的视听氛围。而且，影音室使用定制隔音门，还安装了
干燥机，防止地下室潮湿，让观影感觉更舒适。影音室为了保持与全屋风格统一，大胆选用高科技与新古典混
搭风，身处其中，神秘感十足。

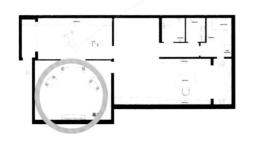

改造后

负一层为影音室

改造后

改造后

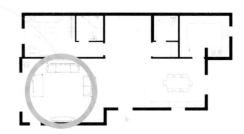

一层：高大上的待客区

浅灰色沙发、咖色地毯、大理石饰面，这样的反差，把
奢华感与人情味融为一体。

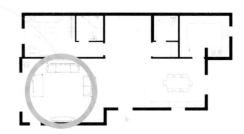

二层: 可办公可休息

一扇大大的窗户, 自然的光线, 是最合适不过的阅读工作空间了。
累了就直接去旁边屋休息。

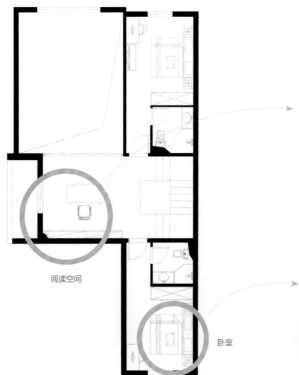

阅读空间

卧室

改造后

改造后

改造后

三层: 露台有个大花园

三层除了有卧室, 还有超大
花园, 养点花花草草, 与大自
然来个亲密约会吧!

露台花园

B 优雅精致的
新古典主义

进门第一眼很重要
一座金属质感圆几, 配上圆形拼花地板, 加上顶上镜面所反射的灯光效果, 进门就是满满的高级感。

改造后

门厅

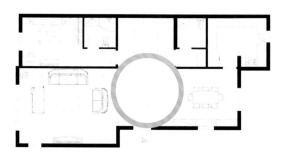

本案例装修花费参考

● 硬装: **78 万元** 含翻新、水电改造
● 软装: **50 万元** 柜体定制等
● 分期总额: **50 万元** 分期方式: 等本等息
  分期时长: 36 期 每月还款: 16597 元

给"猫大人"辛巴造一个新家

装修诉求一览

- **谁住：** 两人一猫 / 90 后小夫妻、宠物猫辛巴
- **房子：** 106 ㎡三室两厅 / 北京市西城区 时代之光小区 2001 年的房子
- **想要：** 小孩房、宠物房，简单而温暖

"我想象中，最好的日子就是，猫儿双全，我们和猫一起陪着孩子长大，家里有阳光，很暖和。"

解决痛点

3%

购房者担心
没有宠物的空间

报告显示，在为了改善居住的家庭中，3% 的购房者希望能给宠物造一个家。在不少家庭中，宠物已然成为重要成员，它们也需要自己的生活空间。

"在家里，猫排第一，我排第二，老公排第三，所以可想而知，我们这次装修的重点在哪儿。"清子抱着宠物猫辛巴笑着说。清子和老公是"毕婚族"，刚毕业就结婚了，在双方父母的帮助下买下这套房子准备开始新的人生。她怀里的这只灰白猫是她和老公从大学就养的宠物，平时宝贝得不得了。"我和老公每天都很忙碌，白天不在家，所以我们希望辛巴自己在家时能快乐些。"清子想了想又说，"当然了，明年打算要孩子，儿童房也要提前准备好。"

设计师支招

每个人都要有自己的小天地，猫也是。

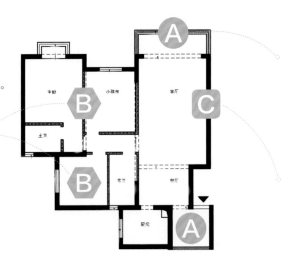

A 猫大人的玩耍空间，到处都有

储物、猫窝两不误
没人时，猫的娱乐活动也不少

B 每个人都有自己的空间

衣物收纳空间
书房：老公的工作间
儿童房：简单温暖

C 色调，让温暖倍增

米黄色是主色调
主卧，白色与咖啡色搭配
灯光，温暖的艺术

设计师 徐帅　实创装饰首席设计师, 从业 6 年。
设计理念: 简单的是设计, 复杂的是生活。

A 猫大人的玩耍空间
到处都有

储物、猫窝两不误

入户门区域原是半开放式入户花园, 砌墙后改造为一个室内空间。清子到家居卖场买家具, 一眼就看中了这个收纳柜, 它不仅能收纳衣物, 最妙的是最下角还有一个开了门洞的猫窝。清子在猫窝里放了软垫, 辛巴在外面玩累了, 一进门就能跑进去睡大觉。

改造后

收纳柜给猫做了窝

① 客厅设置的小书架。
② 主卧的高低板。
③ 阳台的猫爬架。

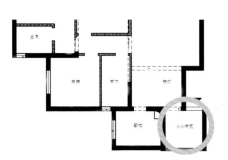

改造后

猫的娱乐活动也不少

清子和老公白天都要上班, 他们怕辛巴在家很寂寞, 于是给辛巴设置了很多娱乐活动, 例如主卧设置高低板、客厅设置小书架, 或是阳台放一个猫架可以供辛巴爬来跳去, 其中高低板和小书架还能放置物品。辛巴最喜欢呆在猫架里, 暖烘烘的阳光照来, 它能懒洋洋待一下午。

改造后

衣物收纳空间

清子的衣服很多，总是喊着不够放。这次新装修了房子，设置了多个储物间，足够她放自己心爱的衣服鞋帽。主卧里和书房各有一个大内置衣柜，清子的衣服鞋帽统统能放进去。

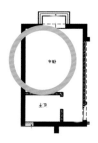

改造前

改造后

改造前

改造后

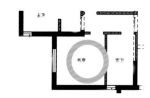

改造后

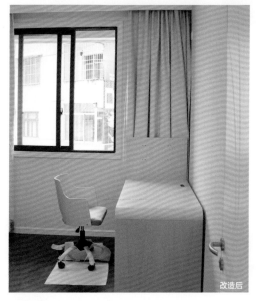

改造后

书房：老公的工作间

清子老公的书房也是他的工作间，老公工作忙，周末即使不出门，也常常把自己关在屋里忙一天。

改造后

儿童房：简单温暖

儿童房贴上了帆船印花墙纸，配上海洋世界的印花窗帘，这样的童趣世界，宝宝肯定会喜欢。

色调
让温暖倍增

米黄色是主色调

墙漆可以改变整屋的气质，喜欢阳光的温暖，那就选择偏黄色的墙漆吧。清子在客厅选择的是柔和的米黄色，打造出温馨舒适的生活空间。

主卧采用咖色和白色两大主色

客厅采用米黄色墙漆作为主色调

主卧，白色与咖啡色搭配

主卧采用咖色、白色两大主色，和其他空间的米黄色属于同一色系，但是又稍微做了区分。清子说，身处卧室，早上起床仿佛就闻到了阵阵咖啡香，还是顺滑拿铁，甜甜的。

④⑤⑥灯光的布局和应用

灯光，温暖的艺术

清子家的灯光，以黄色的暖光为主，尤其是餐厅的三条并列长条形主灯、多盏射灯，再搭配餐桌墙上的局部照明灯，更衬托得家中一片温馨，而且极具美感。

本案例装修花费参考

●硬装：**1.8 万元** 含翻新、水电改造
●软装：**15 万元** 柜体定制等
●分期总额：**16.8 万元** 分期方式：等本等息
分期时长：**24 期 每月还款：7840 元**

装修诉求 为了改善居住

80 后"海龟"如何打造
属于自己的小惊喜

装修诉求一览

● **谁住:** 一家五口 / 80 后夫妻小茶和安娜、父母、孩子
● **房子:** 100 ㎡三室一厅 / 北京交大嘉园 2003 年建塔楼
● **想要:** 自在、舒适、不寻常

"我们是跟父母一起住,所以希望能有各自的生活空间,又能有充足的公共空间。这个怎么形容呢,夸张点讲就是我们能在家一起跳个广场舞,也能有各自的空间。"

解决痛点

10%

购房者担心
与爸妈同住没有独立空间

报告显示,在为了改善居住的家庭中,10%的购房者希望即使与父母住,也要有自己的空间。一家人住在一起热闹又团圆,但划分个人空间也很重要。

作为家里的独生子, 小茶在美国读完研究生后便迫不及待地回了国, 更激动的是, 随他一起回国的不仅有他的妻子安娜, 还有他们的宝贝儿子。小茶私下对我们的编者倾诉了他的顾虑:"我妻子是美国人, 虽然喜欢热闹, 但与父母一起住总担心会不方便,我在国外待得时间长了,内心还是渴望能与父母一起住,希望一家五口在家能够有各自的活动空间,也能有充足的公共空间, 一家人其乐融融。"

设计师支招

拒绝空荡,家里处处有惊喜。

A 大客厅拒绝空荡, 要其乐融融

共享空间更接近自然光资源
用餐区、机动工作区一个不能少
餐厅和客厅之间用柜子隔开

B 如何让厨房布局更合理

厨房设置两排橱柜
增加玄关柜
新增吧台区

C 每个角落都有大惊喜

增加门帘
餐桌吊灯可调整位置
折叠式书桌
小小音乐家

设计师
晁颢毓

住范儿90后设计师，毕业于清华美院。
设计师理念：拒绝循规蹈矩，家的舒适有一万
种可能。

A 大客厅拒绝空荡
要其乐融融

共享空间更接近自然光源

将起居空间作为家庭成员活动的重点，能感受到最好的自然光源，打造其乐融融的欢聚客厅作为共享
空间。

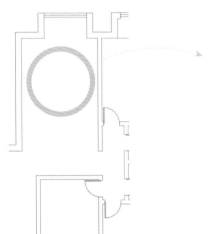

改造后

改造后

改造后

用餐区、机动工作区一个不能少

大客厅拒绝空荡，增加一家五口用餐区＋机
动的工作区，方便小茶和妻子同时工作，另
外还要预留出日后宝宝钢琴摆放的位置。

餐厅和客厅之间用柜子隔开

餐厅和客厅之间用柜子隔开，不仅可以收纳
更多的东西，还能有一个小小的分区。

B 如何让厨房布局更合理

改造前

改造后

厨房设置两排橱柜

厨房面积不算小，单边橱柜储物空间不够用，现在厨房设置两排橱柜，台面被释放出来，做家务也更方便了，另外，厨房阳台也设置了洗衣区。

改造后

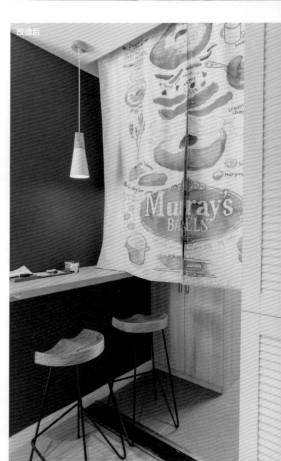

改造后

增加玄关柜

大大的一面玄关柜，不但能当作鞋柜，同样也是厨房和玄关的隔断，还能增加收纳面积。再加上一个穿衣镜，顶上的射灯一照十分美好。

①大大的穿衣镜
②玄关柜

新增吧台区

吧台区作为厨房和餐厅之间的缓冲，不仅能随时品尝浓香的咖啡，还能将临时用品都顺手放在这里。

每个角落都有大惊喜

增加门帘

厨房和玄关之间的门帘,可是经过设计的哦! 不仅能隔绝油烟飘进屋里,还能防止外人从厨房窗外把家里看光光了。

改造后

③ 效果图

④ 效果图

餐桌吊灯可调整位置

朋友时不时来家里小聚,也是 so easy 的啦,不但伸缩桌可以调节,且吊灯也可调节位置,保证灯光聚焦在桌面上,灯一照打得美食着实诱人。

③伸缩桌
④可调节吊灯

改造后

折叠式书桌

折叠式书桌想变就变,目前,这张单人躺椅倒是一家人的宠儿,大家都喜欢在上面躺一躺,晒晒太阳。

改造后

小小音乐家

宝宝太小还没买钢琴,暂时将这里布置成宝宝的乐园,宝宝能够在家人的视线范围内活动,和家人时常互动。一家人也能团聚在一起。

本案例装修花费参考

● 硬装: **8万元** 含翻新、水电改造
● 软装: **4万元** 柜体定制等
● 分期总额: **12万元** 分期方式: 等本等息
● 分期时长: 36 期 每月还款: 3983 元

装修诉求 为了结婚
小夫妻
低预算改造婚房

33.4%

购房者担心
预算不够

报告显示，在为了结婚的家庭中，33.4% 的
家庭为了买房几乎已经是掏光积蓄。不过，
低预算也能装出有品质的家。

装修诉求一览
● **谁住:** 80 后夫妻秦靖和滑艺
● **房子:** 50 ㎡ 两室一厅 / 北京市南顶村邮局宿舍 1997 年的房子
● **想要:** 预算要低，当然居住也要舒适

*"终于给了老婆大人一个家，因为预算有限，我希望装修费用一定要控制好。
当然了，老婆想要的小浪漫也不能少。"*

和大部分外来的 80 后一样，秦靖只是一个普通公司职工，几年前和妻子滑艺在出租屋结婚，梦想着在北京有个家。
"在北京有了家就感觉不'漂'了，有了家才能开始想要的生活，而原来我想的只是在北京怎么生存下去。"刚下班
回来的秦靖满脸疲惫，但说到买房这段经历时又变得兴致勃勃，"买房付首付、还房贷需要支出很多，所以这次装
修我的主要诉求是利用房子现有格局进行改造，节省装修开支。"

设计师支招

在低预算的情况下，现有格局不会大改。
无论是硬装还是软装，都有不少省钱办法。

A 如何利用现有空间

不买电视柜，不做背景墙

C 如何增加私密空间

客卧窗帘外挂

B 空间如何变亮

卫生间增加储物功能，减少遮
光物品
厨房采用玻璃推拉门

D 如何营造温馨氛围

客厅暖光灯
厨房增加马赛克铺砖

卫生间 **主卧** **客厅** **阳台** **次卧**

A 如何利用
现有空间

不买电视柜，不做背景墙

客厅对面墙正对两间卧室门，巧妙地利用了两门中间的空间做电视背景墙，卧室门关起来更是为其增加了造型感，节省了装饰背景墙的开销。

巧用两门中间的空间做背景墙

改造后

B 空间
如何变亮

卫生间增加储物功能，减少遮光物品
由于卫生间总共不到 2 ㎡，需增加储物功能，才能将窗台解放出来。如果要增加柜子，就需要定制，不仅开销大，还会挤占空间，于是选择把洗手盆换成储物式，经济实用，杂物从窗台挪走，整个空间都亮堂了。

卫生间减少遮光物品

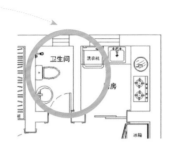

改造后　改造后

改造后

厨房采用玻璃推拉门
厨房的玻璃推拉门是从某宝淘来的，物美价廉，既实用又美观，推拉门可以有效防止油烟，玻璃又可以很好地透光。

C 如何增加
储物空间

客卧窗帘外挂
窗帘外移后，保护了阳台这一休闲区域的隐私性，闲暇时夫妻俩可以拉上纱帘，在阳台休闲区品茶看书，想想也是很浪漫。

阳台改为休闲区

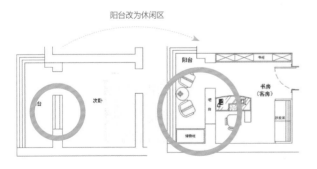

改造前

改造后

如何营造温馨氛围

客厅暖光灯

为节省开支,客厅布置得比较简单,仅有一盏灯、一张餐桌、两张沙发、一台电视,还有一台冰箱。小夫妻俩说,简简单单,但结实耐用,舒适就好。客厅选用了暖光灯,足够温馨。橙色光照在食物上,还能增加两人进餐的食欲。

客厅布置简单又温馨

改造后

改造后

厨房铺贴马赛克砖

厨房整体格局未做改动,依旧延续了原有功能布局,节省了改造支出。为了体现美感,厨房墙砖使用马赛克砖铺贴,菱形拼贴法使空间更加生动。当然,厨房里无论是瓷砖、橱柜、燃气灶或是洗衣机,甚至是碗筷锅具,都是小夫妻俩一趟趟从建材家具市场淘来的,一点一滴,都是幸福。

改造后

改造后

改造前

厨房空间改造得更加生动

本案例装修花费参考

● 硬装:**8万元** 含翻新、水电改造
● 软装:**2万元** 柜体定制等
● 分期总额:**10万元** 分期方式:先息后本
分期时长:12期 每月还款:800元,1年后
还本金10万元

装修诉求 为了结婚

典雅美式之家，
无处不在的浪漫

装修诉求一览
- ●**谁住:** 新婚夫妻文先生与文太太
- ●**房子:** 118㎡三室两厅 / 北京市枫丹丽舍
- ●**想要:** 典雅浪漫的美式风格

"我喜欢浪漫的美式设计，房子足够舒适，没有多余的修饰和约束，不经意中还能营造一种大气的浪漫。"

解决痛点

13.4%

购房者担心
房子装得不够美

报告显示，在为了结婚的
家庭中，13.4%的购房者
希望房子能够装得美美
的，给二人世界增添无处
不在的浪漫与甜蜜。

文先生与文太太在美国留学多年，去年回国后买下这套房子作为婚房。对于装修风格，两个人的意见是一致的，"我们在美国也租住过几处房子，还挺喜欢美式风格，那是一种渗透进骨子的情调，同时还有自由感。"文太太说。

设计师支招
浪漫 - 典雅美式之家

**A 让厨房与客餐
厅连贯起来**

安装双推拉隐藏式
厨房门

B 增加休闲区

主客卧阳台放置休闲沙发
到顶式书柜旁搭配休闲沙发

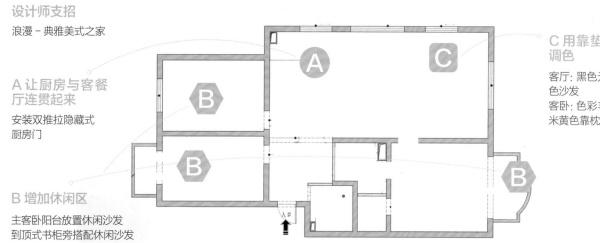

**C 用靠垫给整体空间
调色**

客厅: 黑色元素靠枕点亮白
色沙发

客卧: 色彩丰富的壁纸搭配
米黄色靠枕

设计师
彭薇

龙发高级设计师，从业 11 年。
设计理念：实用与形式美感相互融合，满足功能需求及精神需求，使"家"这个私属空间更方便、更舒适、更个性。

A 让厨房与客餐厅连贯起来

安装双推拉隐藏式厨房门

为了使厨房既能做封闭式厨房，又能与客餐厅连贯成一个主体，一改厨房门是推拉门或平开门的常态，采用双推拉隐藏式厨房门来增强厨房与客餐厅的连贯性，还可以作为独立厨房使用。

安装隐藏式厨房门

改造前

改造后

改造后

B 增加
休闲区

主客卧阳台改造为休闲区
阳台是卧室的延伸,在这里增设桌椅,既丰富了阳台功能,又实用美观,闲暇时夫妻俩在这品一品茶、聊聊天,静享闲适时光。

阳台改为休闲区

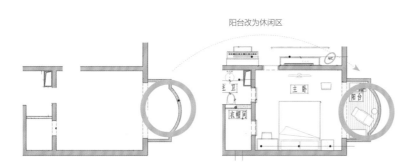

改造后

改造后

改造后

到顶式书柜旁搭配休闲沙发
书房书柜到顶却不"满",柜台与屋顶装饰浑然一体,有内嵌式效果。

C 用靠垫
给整体空间调色

客厅：黑色元素靠枕点亮白色沙发
白色沙发让房间显得简约大方，皮材质突出家具质感，跳跃的黑色元素点缀整个空间，打破了色调单一感。

改造后

客卧：色彩丰富的壁纸搭配米黄色靠枕
客卧选择了色彩较为艳丽的紫色壁纸，使房屋空间区分
更加明显，丰富色彩。

改造后

本案例装修花费参考

● **硬装：52 万元** 含翻新、水电改造
● **软装：30 万元** 柜体定制等
● **分期总额：50 万元　分期方式：等本等息**
　分期时长：36 期 每月还款：16597.22 元

装修诉求 为了结婚

两人一猫，
在 40 ㎡里也能耍得开

装修诉求一览
- ●**谁住：**两人一猫 / 80 后小夫妻林先生、林太太及宠物猫小白
- ●**房子：**43 ㎡一室一厅 / 北京市水碓子西里 1987 年的老房子
- ●**想要：**自在、不要"老、暗、小"

"最近几年都不会要小孩，就想我们三口（加上猫）住得自在一点。怎么衡量自在？嗯，就是周末不出门窝在家里，两个人各玩各的还互不打扰。"

解决痛点
17%

购房者担心
房子太小

报告显示，在为了结婚的家庭中，17% 的购房者希望房子虽小，但两人不仅要够住，还要住得好，如果还能住下家里的宠物那就更好了。

为结婚而买——林先生是北京非常典型的新婚买房族群，但碍于预算，"花了我半辈子的钱，买的这辈子第一套房，还跟我一样老。"他笑称。他跟太太都是广告圈的白领，"极有可能会丁克"，当林太太第一眼看到这套房子时，都难以想象她最终会买，因为"太破了"，林太太拍着沙发对来家中采访的编者说："你看我们现在，晒着太阳喝着酒，这是我们花过的最值的 8 万。"林太太总结，他们的装修史，就是跟"暗、小"做斗争的过程。

设计师支招

想要住得自在，离不开阳光和有情趣的细节。

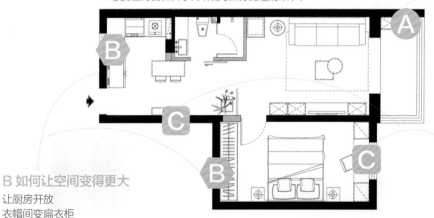

A 如何让房间采到更多的光
打掉阳台隔墙

B 如何让空间变得更大
让厨房开放
衣帽间变扁衣柜

C 如何增加情趣点
小吧台
窗前上升台
梳妆台

设计师
张粟

龙发资深设计师,从业 6 年。
设计理念:我的作品不单是设计出来为我们服务的,更是为了和我们在一起,能意识到这点对我们来说很重要。

A 让房间采到更多的光

打掉阳台隔墙

这套房子有很典型的那个年代户型的采光特征,阳台的一扇窗是客餐厅和门厅的主要采光源,拆除原有阳台隔墙,把日光照明开发到极致。

打掉这半堵墙

· 阳台

如果这堵是配重墙,不建议拆,解决方案是可以依势改成小吧台或者工作台。如果拆除时露出钢筋,马上停。

改造前

改造后

如何让空间变得更大

让厨房开放

年轻人不为吃饭而开火，多为情趣而做饭，开放式厨房是最佳配置，且对于这个老款户型，打掉厨房一堵墙，能让视野瞬间放大。

改造前

改造后

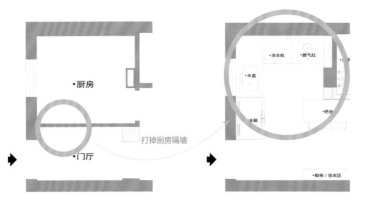

·洗衣机　·燃气灶

·水盆

·冰箱　·吧台

·厨房

打掉厨房隔墙

·门厅

·鞋柜/挂衣区

开放式厨房需要注意，不能经常煎炒烹炸。

改造前

改造后

衣帽间变扁衣柜

12 ㎡的卧室是小两口最重要的起居空间，尽可能的"阔"，以及尽可能的"藏"，基于此，打掉衣帽间，"拍扁"一个衣柜"藏"在门背后。

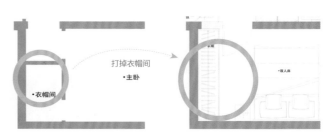

打掉衣帽间

·衣帽间　·主卧

·衣柜　·双人床

如果是承重墙，这个方案并不可行，因为涉及拆墙打洞。

增加情趣点

小吧台
开放式厨房贡献了一个大视野，见缝插上"木质吧台"，在家小酌一杯，或者吃个简易早餐。

窗前上升台
将阳台做了上升空间设计，上面可坐着晒太阳，下面可收纳。

梳妆台
把采光最好的卧室窗前设计为一个梳妆台，上面可摆放东西，下面可收纳。

①过道型吧台最好能固定，国内外都出现过吧台翻倒砸人事件。
②地台的布置，务必注意材料防潮防虫处理。窗口一定要密封。
③梳妆台前窗户密封性很重要，尤其是防尘，女生都懂瓶瓶罐罐招灰是什么体验。

本案例装修花费参考

● 硬装：**5 万元** 含翻新、新风系统
● 软装：**8 万元** 柜体定制
● 分期总额：**13 万元**　分期方式：先息后本
　分期时长：12 期 每月还款：1040 元，1 年后
　还本金 13 万元

装修诉求 为了结婚

如何打造
充分的私人空间

装修诉求一览
● **谁住**：新婚夫妻 / 80 后 "海归" 夫妻 Lam 与 Carrie
● **房子**：148 ㎡三室两厅 / 北京市朝阳区双桥 水郡长安 2008 年的房子
● **想要**：有私人空间

"我俩都有点恐婚，特别是他（先生 Lam），生怕结婚了自己的空间就被家庭挤占，当时买房的时候就约定好了，书房是他的，客厅是我的。"

解决痛点

8%

购房者担心
婚后没有私人空间

报告显示，在为了结婚的家庭中，8% 的家庭希望结婚后还要有自己的私人空间。谁说结婚后就要天天腻在一起？适当分离，更有助于保持感情的甜蜜。

Lam 夫妇同样是为了结婚挑选了这套婚房，但相比多数北京买房的年轻人，他们房子更大——两人"瓜分"148 ㎡，但也对生活质量和私人空间的恪守要求更高。他们所在的小区是由联排别墅和板楼组成，人车分流，绿化面积很大，"当时选这里也是觉得安静，因为我先生是做投资的，他对书房的要求很高，那是他私密的空间，" Carrie 在接受采访时说，"我比较爱热闹爱美食，喜欢很多朋友来吃饭。我们当时结婚的时候还约定，你在你的地盘做你的王，我在我的地盘做我的女王，哈哈。"

设计师支招
一个爱热闹，一个爱独立思考。
让私人空间更充足。

A 如何打造私人空间：工作、盥洗、休闲

合并一间 25 ㎡的大书房
卫生间各有所爱
休闲小阳台也是小空间
吧台很有用

B 如何让 "吃饭" 的动线更合理
一条从做饭、吃饭、饭后的动线
把厨房墙变成推拉门

C 如何用软装提升格调
白色，空间显大且不沉闷
会用光：灯带和灯
家具和艺术品

设计师
张粟

龙发资深设计师, 从业 6 年。
设计理念: 我的作品不单是设计出来为我们服务的, 更是为了和我们在一起, 能意识到这点对我们来说很重要。

A 如何打造私人空间: 工作、盥洗、休闲

合并一间 25 ㎡ 的大书房

书房对男主人 Lam 而言特别重要, 之前的书房不到 10 ㎡, 兼具 "独立思考" 与 "会客倾谈" 不太可能。将原有房型的次卧与小书房打通, 变成一大间, 且分割成两个区域: 影音区域, 可倾谈可热闹; 走入是书桌区域。

打掉这半堵墙

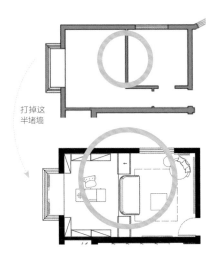

改造前

改造后

在一个大通间里可以用 "踏步" 区隔两个空间。"踏步" 下方是感应灯光, 夜晚照明提示有台阶, 同时也做点缀。

卫生间各有所爱

女主人 Carrie 酷爱泡澡, 因为空间够大, 在主卧配套的卫生间安置了浴缸和大尺寸的盥洗台, 另一个卫生间装的是壁挂马桶。入住后发现, 两人各用一个卫生间, 真的互不打扰。

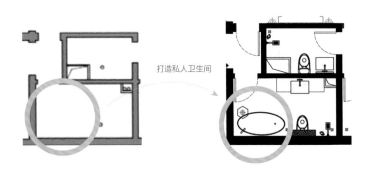

打造私人卫生间

女主人喜欢夏天在阳台侍弄花草。

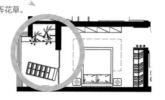

休闲小阳台也是小空间
因为有专用的洗衣间, 阳台大可不必承担晾晒功能, 相当于有一个超过 5 ㎡的小空间。

吧台很有用
Carrie 发现入住后她最爱的地方变成了吧台, 放电脑做点简单的活儿, 高兴的时候开瓶酒。虽然这是设计师作为区隔餐厅和客厅之用的, 结果变成了她的独立空间。

改造中

改造后

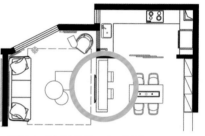

无论大小, 吧台是个很灵活且实用的安排。

B 如何让"吃饭"的动线更合理

一个户型的动线其实就是人在室内活动的路线。动线流畅, 说明干什么事都很方便, 比如, 良好的动线是指从入户门进客厅、卧室、厨房的三条线不会交叉。其中 Carrie 家的"吃饭动线"(一般叫做家务动线)就设计得很方便。这条线连接着厨房、餐厅、客厅。

把厨房墙变成推拉门
考虑采光与通透性, 在 Carrie 家的装修中, 把原有的厨房隔墙拆掉, 设计了一个深色线条的移门。

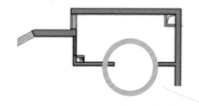

厨房墙改造为推拉门

改造前

改造中

改造后

一条从做饭、吃饭到饭后的动线

从入户门进餐厅，厨房与餐厅连为一体，用一个滑动门隔开，不影响做饭上菜，吃完饭能在吧台喝点小酒，然后在客厅聊天或看电视。

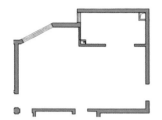

进门到做饭再到吃饭，以及饭后的一条动线。

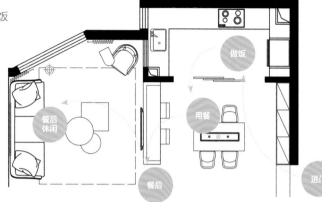

有个简单粗暴的方法告诉你硬装和软装怎么分——把房子倒过来，掉不下来的是硬装，掉得下来的是软装。前者打基础，后者提品位。Carrie 和 Lam 都曾留学国外，比较欧式。设计师用软装提升格调的手段是三个：颜色、光、家具或装饰。

白色，空间显大且不沉闷

整体采用暖白色、浅灰色。比如，浅灰色墙配白色书柜。卧室配上浅灰色窗帘。一是颜色过重会沉闷，白色能提亮气氛，二是白色显大，比如不足 10 ㎡ 的餐厅其实在整个户型中显得相对狭小，白色能让视觉角度扩展。

①白色壁橱。
②白色整体柜面。
③浅灰色地砖。
④白色窗帘。

家具和艺术品

整体采用暖白色、浅灰色。比如，浅灰色墙配白色书柜。

为了使空间更加有延伸效果，床头上选用镂空效果壁纸，在两侧使用浅灰色镜面设计。

会用光：灯带和灯

房间整体以浅色为基调，再于各处布置不同的灯光，让家更有层次感。

⑤⑥餐厅墙面发光带。
⑦卧室布置不同光源。
⑧不同的光源点。
⑨书房的踏步也布置光带。

本案例装修花费参考

●硬装：**13 万** 含翻新、新风系统
●软装：**30 万** 柜体定制、沙发和双人床为意大利进口家具
●分期总额：**43 万** 分期方式：等本等息
分期时长：**36 期** 每月还款：14273.51 元

装修诉求 为了结婚

85 ㎡花园房，
待产妈妈的悠闲时光

装修诉求一览

●**谁住:** 85 后新婚夫妻 Cary 、Evan 和即将出生的小宝宝
●**房子:** 85 ㎡三室一厅 / 北京市长丰园一区 1999 年的老房子
●**想要:** 悠闲、温馨, 不要"色杂、凌乱、拥挤"

"Evan 喜欢大自然, 没事我们俩就去骑马、钓鱼。现在 Evan 怀了小宝不能经常出去, 想让 Evan 在家也能悠闲舒适。"

解决痛点

28.2%

购房者担心
装修不环保

报告显示, 在为了结婚的家庭中, 28.2% 的家庭希望装修材料更加环保。特别是对于即将有孩子或是已有孩子的家庭来说, 环保应该是放在首要的位置。

Cary 说两人初次相遇是在奥森, Evan 答应嫁给他也是在奥森, 夫妻俩都想在新家保留这份美好的回忆。"Evan 很喜欢出去玩, 怀了小宝以后出门会不太方便, 如果在家也能让她享受户外的悠闲自在就好了。"考虑到 Evan 怀了小宝, Cary 还提出一定得环保。"我希望无论是装修材料还是家具, 都是最环保的, 孩子要出生了, 他的健康最重要。"

设计师支招

住得悠闲, 还要健康环保。

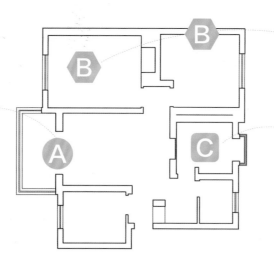

B 客厅 + 阳台 打造天然小花园

运用布艺营造悠闲氛围
隐藏阳台冗余物品

A 家有孕妇, 环保最重要

大白墙环保又简洁
跑遍市场只为环保家具
油烟也不能多

C 卧室做好搭配, 注意色彩统一

增加收纳空间
装饰做减法

觅糖设计师
陈弘刚

觅糖设计师，从业4年。
设计理念：持之以恒的学习是设计的来源，责任感是设计的原则，而灵感是设计的升华。

家有孕妇，
环保最重要

大白墙环保又简洁

因为害怕乳胶漆不安全，为了减少甲醛的污染，新家大部分墙体只刷了大白墙，简简单单的就好，毕竟健康才是最重要的。

跑遍市场只为环保家具

为了老婆和孩子的健康，Cary跑遍了建材家具市场，一点一点淘出能安心使用的家具。如在客厅用羽绒和海绵填充的沙发，地板由瓷砖换成亲肤又环保的实木地板。还有家里的床、餐桌等家具，都是Cary用心选购的。

家里的家具都是Cary用心选购的。　　刷大白墙没有装修污染。

改造后

改造前

改造前

油烟也不能多

Evan觉得厨房是她的另一个舞台，给心爱的人烹饪是一件美好的事情。安静的抽油烟机是必不可少的，如果吸烟效果不好，对家人的身体也不好。

B 客厅 + 阳台 打造
天然小花园

运用布艺营造悠闲氛围

客厅对于女主人 Evan 来说，是日后重要的活动场所。由于房子"上了年纪"，墙面装饰需要重新归置。整个空间选择淡雅色调，精美的小物件装饰相得益彰，给女主人悠闲舒适的氛围。

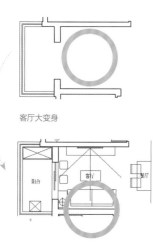

客厅大变身

改造前

改造后

改造前

改造后

隐藏阳台冗余物品

房子在一楼，阳台外的小花园风景可以直接欣赏。利用天然的环境优势，将阳台与小花园融为一体。原来的阳台上摆满了闲置物品，现在就是做减法的时候啦。

阳台大变身

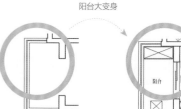

卧室做好搭配,
注意色彩统一

增加收纳空间

在老房子中存在最大的问题就是收纳空间太少,东西一多就显得杂乱无章。男主人 Cary 是处女座,杂乱的屋子肯定受不了,这时候需要增加收纳空间,让小物件"隐身"。

增加衣柜,扩大收纳空间

改造前

改造前

改造前

改造后

装饰做减法

Evan 喜欢简单素净的家装,她觉得这就像"人"一样,干干净净、简简单单最好。所以在整个空间上倾向于米色、小碎花的元素搭配,素雅、恬静。

改造后

改造后

本案例装修花费参考

● **硬装: 8 万元** 含翻新、水电改造
● **软装: 7 万元** 柜体定制等
● **分期金额: 15 万元 分期方式: 等本等息**
　　分期时长: 36 期 每月还款: 4979 元

装修诉求 为了单身自住
单身女主编，
如何打造个性化空间

装修诉求一览

- **谁住：** 李女士
- **房子：** 68 ㎡一室一厅 / 北京是果园小区 1990 年的老房子
- **想要：** 高端、简约，不要"庸俗、冷冰冰"

"个人比较喜欢极简主义，房间摆设一定要有用。平时喜欢喝杯红酒看看书，每当一盏小台灯射下暖光，都会觉得自己也变得柔软了。"

解决痛点
32.6%

购房者担心
装修太平庸

报告显示，在为了自己住而买房与装修的家庭中，32.6% 的购房者希望房子能够与众不同，根据自己的兴趣与喜好而装修。拒绝随大流，我的房子必须我做主。

李女士是一家时尚杂志的主编，在北京奋斗这么多年，终于拥有了一套属于自己的房子。在时尚圈这么久，李女士有自己的坚持，喜欢瓷砖，但又不想冷冰冰；喜欢皮质物件，但又不想太浮夸。"一间卧室、一小片看书的独处空间，偶尔在客厅里运动，就是我想要的生活。"

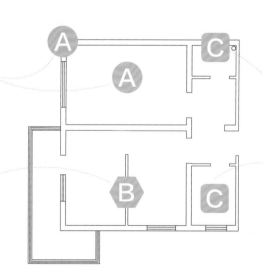

A 如何打造卧室的阅读环境

卧室兼具书房功能
柔化墙壁线条

设计师支招

哑光冰川灰 + 皮纹砖，高端大气上档次。

B 如何让客厅简洁大气

打掉隔断，扩大客厅面积
巧用皮纹砖

C 如何让厨卫帅到飞起

用好高颜值哑光冰川灰
防水工程绝不能马虎

设计师
洪微

今朝装饰21度设计工作室研究员设计师,从业5年。
设计理念:注重空间和功能的合理化,让老房子也
能演绎完美。

A 如何打造卧室的
阅读环境

卧室兼具书房功能

工作、生活节奏快的当下,李女士习惯在睡前看看书,喝杯酒,让身体放松下来。原有卧室的面积比较大,在窗台边设计一个L型书桌,可以让李女士放松过后直接休息。

阳台边设置L型书桌

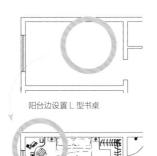

改造前

改造后

改造前

改造前　改造后

柔化墙壁线条

李女士喜欢瓷砖的质感,但不想冷冰冰,那么皮纹砖再合适不过了。皮纹砖在视觉上给人柔和的感觉,淡化了冰冷感,同时又可以柔化墙壁的线条感,体现出李女士的生活情趣。

B 如何让客厅简洁大气

打掉隔断，扩大客厅面积

老房子的客厅与餐厅中间有隔断，不仅影响餐厅的采光，还把客厅的面积缩小了。打掉隔断以后，李女士在客厅放台跑步机都没问题。

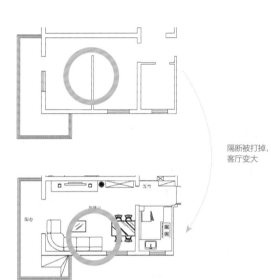

隔断被打掉，
客厅变大

改造后

改造前

巧用皮纹砖

客厅地板大面积运用皮纹砖，木质雕花与现代感很强的玻璃相结合，没有过多材料堆积，让整个空间更显简洁明了大气。李女士入住后发现，这样的风格正适合狮子座的自己。

①玻璃与地板相辉映。
②皮纹砖会减弱冷冰冰的感觉。

改造后

C 如何让厨卫
帅到飞起

用好高颜值哑光冰川灰

以前李女士很少下厨，觉得厨房油腻腻的，但自从采用了哑光冰川灰的色调，一字型整体橱柜解决收纳问题后，李女士下厨次数越来越多，"可能折服我的是厨房的颜值。"

③哑光冰川灰，灰中典范。

改造前

改造前

防水工程绝不能马虎

李女士崇尚极简主义，除了物件都有用外，也希望房子的维护能越简单越好，因此房子的防水措施一定要做好。老房子的防水情况相当差，装修时地面先做好防水层，经过闭水实验再铺瓷砖，确保防水万无一失。防水做不好，装修也相当于白装。

④改造前的厨房。
⑤改造前的卫生间。
⑥卫生间改造后，颜值变高。

改造后

本案例装修花费参考

● 硬装：**8 万元** 含翻新、水电改造
● 软装：**6 万元** 柜体定制等
● 分期总额：**14 万元** 分期方式：等本等息
分期时长：**24** 期 每月还款：**6533** 元

装修诉求 为了单身自住

每周就住两天，
那我也要装修得美美的

装修诉求一览

● **谁住：** 事业有成的新深圳人关女士，也是老北京胡同妞儿，还有偶尔
来京的老公和孩子
● **房子：** 68 ㎡两室 0 厅／北京市光华里 上世纪 70 年代的老旧公房
● **想要：** 有个客厅、极简北欧、颜值至上

"接了个项目，我这个新深圳人每周都要回老家（北京）出差，难道每周都住
酒店？我才不要呢！"

关女士和老公都是老北京胡同里长大的孩子，去深圳十年，孩子都上二年级了。本以为一年也就回一次北京，谁知
道接了个项目，需要每周回北京出差。关女士就想，工作可以出差，生活可不能开小差，总不能回了老家还要天天
住酒店吧。于是着手把老爷子手里出租的老旧公房改改，作为自己的第二个家。"我要的很简单，就是温馨、简单、
高颜值。"关女士说。

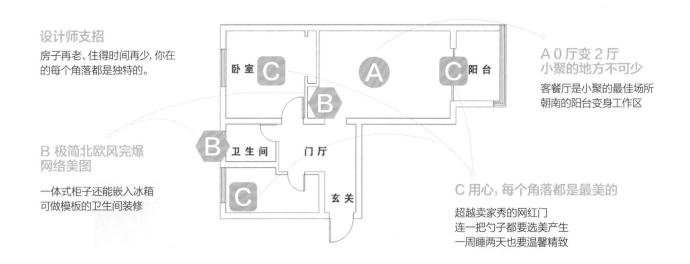

设计师支招

房子再老、住得时间再少，你在
的每个角落都是独特的。

卧室 C

B

A

C 阳台

A 0 厅变 2 厅
小聚的地方不可少

客餐厅是小聚的最佳场所
朝南的阳台变身工作区

B 极简北欧风完爆
网络美图

一体式柜子还能嵌入冰箱
可做模板的卫生间装修

B 卫生间　门厅

C

玄关

C 用心，每个角落都是最美的

超越卖家秀的网红门
连一把勺子都要选美产生
一周睡两天也要温馨精致

设计师
王海燕

住范儿 90 后设计师。
帮助客户发现自己的需求，作品就完成了一半。

A 0 厅变 2 厅
小聚的地方不可少

客餐厅是小聚的最佳场所

北京的很多老房子都是没有客厅的，不到 50 ㎡的套内面积挤着 2 个卧室，朝南的大房间只用来睡觉就太浪费啦！

主卧改造为餐厅与客厅

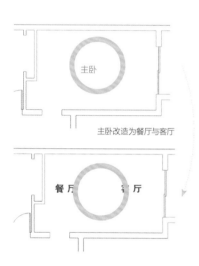

改造后

改造后

改造前

朝南的阳台变身工作区

阳光能晒干衣服，也能让紧绷的身心慢下来，在家里办公效率更高！

墙变柜子还能嵌入冰箱

极简，就是把能藏起来的都藏起来，把美的都
展示出来。原来的一堵墙变成柜子，柜子里放上
收纳盒，可以收纳全世界。双开门的豪华大冰箱
嵌进去，一点都不占地儿。

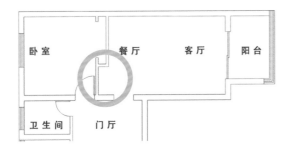

①收纳盒美观整齐
②黑色五金，颜值极高
③龟背竹

可做模板的卫生间装修

小白砖配黑色勾缝，白色马桶、浴室
柜配黑色五金、镜子，颜色控制在黑
白两色内，颜值革命很彻底。

用心，每个角落
都是最美的

超越卖家秀的网红门

谁说网红在现实中一定会现原形的？关女士选择的网红黑色小细框门原本只有单樘玻璃，换成双樘玻璃后，全屋气质顿时不同。

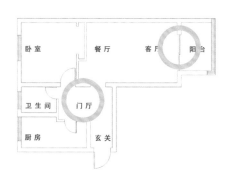

改造后

改造后

改造后

改造后

改造后

连一把勺子都要选美产生

厨房也是黑白搭配：台面、水槽和刀具是黑色，柜体、瓷砖、电器是白色，颜色上毫无失控的机会。从每一把小勺到锅碗瓢盆都值得认真对待。

本案例装修花费参考

- ●硬装：**11 万元** 含翻新、水电改造
- ●软装：**2 万元** 柜体定制等
- ●分期总额：**13 万元** 分期方式：等本等息
  分期时长：**24 期** 每月还款：**7818 元**

为了孩子上学

为了改善居住

为了结婚

为了单身自住

为了安享晚年

装修诉求 为了单身自住

精致蜗居：
房子虽小，亦能五脏俱全

装修诉求一览

- 谁住：董小姐 / 90 后、单身、女白领
- 房子：45 ㎡ / 壹线国际 位踞北京市长安街东起点，CBD 东端
- 想要：简约大方、温馨舒适不拥挤

"嗯，可能我就是那种别人家的小孩吧，工作没多久便购买了人生中第一套小居室。虽然我现在单身，但是追求我的人可是排了好几圈。对于我的房子嘛，要求跟找男朋友一样不能含糊，温馨舒适、简单大方是根本。"

解决痛点

50.2%

购房者担心
房子功能不齐全

报告显示，在为了自己住而买房与装修的家庭中，50.2% 的购房者希望房子虽小，但功能必须齐全，书房、衣帽间、阳台咖啡区，统统我都要。虽是蜗居，但我不将就！

董小姐，作为一枚典型的 90 后水瓶座少女，在与编者对话的过程中，无不展示出其创新、多变的脑回路。"我自己创业没多久便攒够了首付，再加上父母的资助，便购买了人生中第一套房"。"我喜欢看书，特别希望能够有富余的空间安置我宝贵的书籍。当然啦，我也很喜欢购物，所以我希望增加收纳空间。逢年过节，我也会约上三五好友来我家小聚。总之呢，空间整体要温馨舒适、简约大方。"

设计支招

合理收纳，使有限的空间最大化。

A 如何让空间变得更大

客厅: 增减有度，温馨简洁不拥挤
主卧: 嵌入式衣柜设计，小卧室大衣柜
次卧: 书房、客房、杂物收纳，最大化提高空间利用率

B 如何使收纳更合理

玄关: 拐角式玄关柜增加收纳
卫生间: 组合浴室柜与镜柜，增加储物空间
厨房: 量身定制 L 型橱柜，增加吊柜，重点解决收纳问题

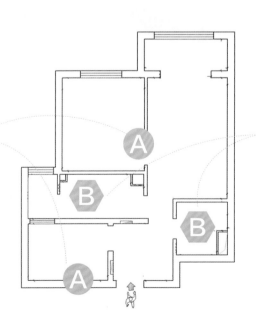

设计师
赵博

悦装网设计师，从业6年。
设计理念针对客户年龄职业爱好文化层次等特点，
根据客户主观方面的个人喜好，设计因人而异的家
居环境。

如何让空间
变得更大

客厅：增减有度，温馨简洁不拥挤

去掉电视柜，使空间看起来更加宽敞，电视背景墙上的金属
描边设计更简洁时尚。浅灰布艺沙发和原木色地板，清新简
约，用亮黄色抱枕和精致的装饰画点亮空间。

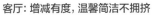

改造前

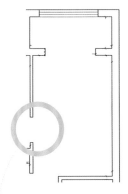

去掉电视柜，电视上墙

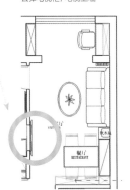

改造后

主卧：嵌入式衣柜设计，小卧室大衣柜

简约的嵌入式衣柜，有效节省空间；个性化的简约
搭配，温馨别致。

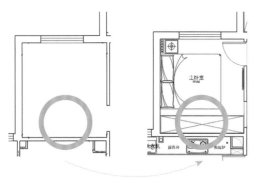

①嵌入式衣柜

次卧提高利用率

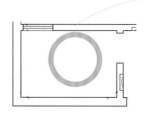

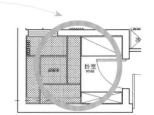

次卧：书房、客房、杂物收纳，最大化提高空间利用率

书桌、榻榻米、收纳杂物，最大化提高了空间利用率，墙面上干
净的天空蓝，给房间带来一些清凉感。

如何使收纳更合理

玄关：拐角式玄关柜增加收纳空间

拐角式玄关柜设计增加收纳空间，与客厅衔接顺畅自然，巧妙地弥补了玄关大而空的户型缺陷。

玄关增加收纳空间

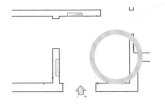

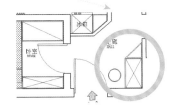

改造后

改造后

改造前

卫生间增加储物空间

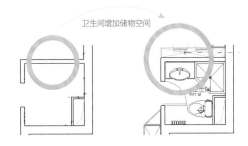

卫生间：组合浴室柜与镜柜，增加储物空间

组合浴室柜与镜柜，增加了储物空间；卫生间干湿分离，简洁清爽；大镜面可以增加视觉深度。

厨房：量身定制 L 型橱柜，增加吊柜，重点解决收纳问题

选用白色一体 L 型橱柜，明快轻盈；吊柜的安装使得厨房收纳空间明显增大，使厨房更加整洁。

本案例装修花费参考

● 硬装：**6 万元** 含翻新、水电改造
● 软装：**4 万元** 柜体定制等
● 分期总额：**10 万元** 分期方式：先息后本
　分期时长：12 期 每月还款：800 元，1 年后
　还本金 10 万元

改造后

装修诉求 为了安享晚年
老人房的便利和时尚，让无数年轻人羡慕

解决痛点

40%

购房者担心
居住不够安全

报告显示，在为了养老而买房与装修的家庭中，40% 的家庭希望老人能够居住得更安全，更便利。老人年纪大了，防止摔伤滑倒，要配备各种安全保障措施。

装修诉求一览
- ●**谁住：** 老两口 / 报社退休记者杨伯伯和退休英语教师黄阿姨
- ●**房子：** 建筑面积 125 ㎡的三室两厅 / 金隅万和城 /2012 年新建商品房
- ●**想要：** 安全便利，也要时尚

"以后年纪越来越大，房子不仅要住着舒适，还要便利和安全，这个应该是最重要的。而且，我和老伴也算是文化人吧，一辈子都追求时尚，老了也不能落后。"

杨伯伯是国内一家知名报社的主编，而黄阿姨是大学英语老师，女儿出国后，老两口从单位的老公房搬到昌平这栋新式住宅。"说实话，我们年轻那会儿，真没有这么大的房子，一家三口挤在 50 ㎡的小两居里。现在居住条件提高了，我们也装修得时尚，赶一次时髦。"杨伯伯说。这次装修，除了考虑到老两口年纪越来越大、生活需要便利外，时尚也是必须要考虑的元素，因为老伴儿黄阿姨早年有留学经历，又一直从事的是英语教学的工作，特别喜欢美式风格。

设计师支招
要便利又要时尚，减少障碍和重视软装。

A 老人房如何更安全

地板地砖要防滑
卫生间安装扶手
圆形餐桌更安全

B 灯具如何装让老人更便利

开关安在床头
安装地脚灯

C 老人房如何装更有"味道"

实木家具"有味道"
背景墙浓郁中国风

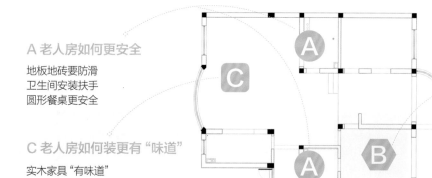

设计师
刘凯

悦装网高级设计师，从业 5 年。
设计理念：本着业主的生活习惯、愿景，为各功能
设计出实用、简约、自然温馨的家。

A 老人房
如何更安全

地板地砖要防滑

客餐厅、卧室均采用实木地板，这对老人而言有两大好处：一是比地砖更防滑，二是地面更温暖，不会让老人的脚底感到寒冷。

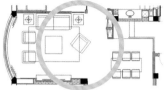

客厅、餐厅的木地板具有防滑效果。

改造后

厨房采用防滑地砖。

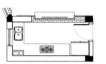

厨房、卫生间采用了有条纹防滑的地砖，卫生间是老人频繁使用的空间，安全显得尤为重要。

卫生间安装扶手

黄阿姨腿脚不太灵活，杨伯伯在卫生间的装修上下足了功夫。家里两个卫生间的马桶边和淋浴间都安装了扶手，淋浴间还放了一把淋浴专用凳，老伴洗澡时候坐着更安全。

主卫和次卫都安装了扶手与洗澡凳。

改造后

改造后

改造后

改造后

圆形餐桌更安全更便利

圆形的餐桌,可以在客人拜访用餐时,容纳多人,圆润的形状,也避免了老人腿脚不方便的磕碰。 另外,半敞开的厨房设计既满足厨房的橱柜功能,又能满足对"外"的小吧台,在不封闭的前提下,能扩大整个公共区域的空间,让餐厅、厨房、客厅在视觉上融为一体。

改造后

灯具开关要装在方便老人操作的地方。

安装地脚灯

在卫生间外的墙角安装了地脚灯,杨伯伯家的这盏地脚灯经常整夜明亮,方便腿脚不好的黄阿姨晚上出入。

B 灯具如何装
让老人更便利

床头装壁灯

两位老人年纪大了,起夜比较频繁,因此卧室床头安装壁灯,并把开关安装在老人方便操作的地方。

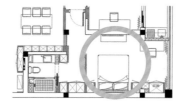

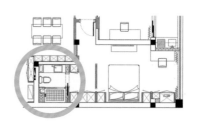

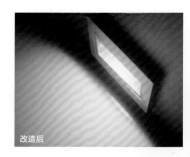

改造后

C 老人房如何装更有"味道"

实木家具"有味道"
家里的家具大多采用实木，给人一种回归大自然的安全感，打造出了老年人喜爱的宁静闲适的生活状态。这些实木家具就像黄阿姨说的，有种"越老越有味道"的感觉。

改造后

客厅的实木茶几与椅子。 书房的实木榻榻米。 改造后

具有中国山水意境的背景墙。

改造后

背景墙浓郁中国风
客厅背景墙犹如一幅巨大的宣纸，或远或近、或明或淡的山脉绵延，再搭配上实木家具，更显得空间极具意境，打造出适宜老人居住的素雅空间。

本案例装修花费参考

●硬装：**12万元** 含翻新、水电改造
●软装：**6万元** 柜体定制等
●分期总额：**18万元** 分期方式：等本等息
分期时长：**36** 期 每月还款：**5975元**

四世同堂：
如何让老人安享天伦之乐

装修诉求一览
- **谁住：** 四世同堂，罗先生夫妇，两个孩子以及罗先生父母
- **房子：** 460 ㎡ 共计五层，地上三层，地下两层 / 泷悦长安 2015 年的房子
- **想要：** 便捷、舒适、娱乐与居住一体

"家里老头子喜欢孔雀，那我就给他一个以孔雀为设计主体的家，同时便利、安全缺一不可。"

企业高管罗先生并不是第一次装修房子，但这一次新房装修确是第一次完全为了父母而装。"我父亲喜欢孔雀这种鸟类，念叨了很多年要把孔雀元素装进家里。以前房子小，哪够他折腾的，这不买了一个大房子，他做主以孔雀为主题展开设计，辛劳了一辈子，如今总算能完成心愿了。"罗先生笑着说："当然，房子也要够便利、够安全，老人住着我也才能安心，再给老人配一些娱乐设施，那最好不过啦！"

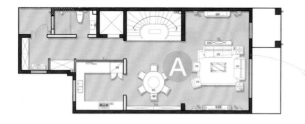

设计师支招

安享天伦之乐，离不开安全与便捷。

A "孔雀"整体软装如何装

餐厅定下基调
主会客厅用靠包点缀
老人房的羽毛元素
罗先生夫妇房用开屏孔雀做背景墙

B 如何让老人住得安全、便捷

负一层安静，设置老人房
安全呼叫系统
马桶旁、淋浴区设置安全扶手

C 如何让老年生活更丰富多彩

负一层会客区、运动区域一应俱全
负二层老人专属影音系统
负二层设置乒乓球空间

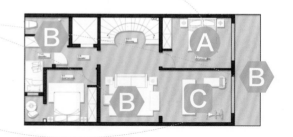

设计师 刘洋

宜乐家设计师，从业6年。
设计理念：设计是一种创造能力，是解决问题的能力，是对美学的鉴赏能力，是对设计构想的表达能力。

 "孔雀"整体软装如何装

餐厅定下基调

餐厅有一块挑空区域，也是整个别墅的中轴线。在这个中轴线上，一幅水蓝色孔雀刺绣壁画顶天立地，为别墅定下基调。

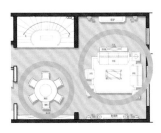

主会客厅用靠包点缀

主会客厅以孔雀蓝色系的靠包点缀，像是"孔雀尾"的延续，整体空间以时尚的香槟金镶边，显得既庄重又时尚。

①客厅用孔雀定下基调。
②主会客厅以孔雀蓝色系的靠包点缀。
③老人房墙纸、地毯都运用了孔雀元素。

A3 老人房的羽毛元素

老人房的壁纸以孔雀绒毛为元素，配以深色的孔雀翎羽地毯，无一不显示着高龄老人的尊严与深沉。

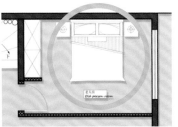

罗先生夫妇房用开屏孔雀做背景墙

罗先生夫妇的房间背景墙造型为开屏孔雀，配以深靛蓝绒布窗帘及皮面床尾踏，空间干净利落。

④孔雀背景墙。

B 如何让老人住的安全、便捷

负一层安静，设置老人房

为方便保姆照顾，老人又有自己的娱乐会客空间，把老人房安排在负一层，并在通风上采用很大的采光天井，既能享受充足阳光，又能引景入室，还保证老人房的安静环境。

安全呼叫系统

老人房及老人卫生间配备了智能设备、安全呼叫器，轻轻一点，就能随时呼叫孩子。

⑤安全呼叫系统。
⑥安全扶手。

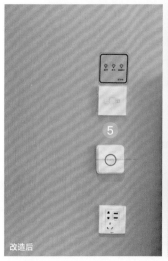

马桶旁、淋浴区设置安全扶手

避免老人坐便时间长，出现腿麻、供血不足等状况，卫生间马桶旁及淋浴区都安放了安全扶手，浴室也放置了安全座椅。

如何让老年生活更丰富多彩

负一层会客、运动区域一应俱全

会客起居室、运动区域设计得更为现代简洁，无论是约上几个好友品上一杯香茗，或一起打牌、健身，让父母的老年生活更加丰富多彩。

改造后

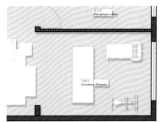

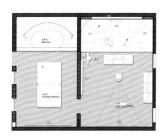

负二层老人专属影音系统

负二层为老人设置了一套影音系统，约上几位好友唱歌、看电影，即使孩子不在家，也不会感到孤单。

改造后

改造后

负二层设置乒乓球空间

老人年轻时喜欢打乒乓球，负二层在公共区域留出了打乒乓球的空间，可以让老人重温年轻时光，保持年轻心态。

本案例装修花费参考

- 硬装：**46 万元** 含翻新、水电改造
- 软装：**16 万元** 柜体定制等
- 分期总额：**50 万元** 分期方式：等本等息
- 分期时长：**36 期** 每月还款：**16597 元**

装修诉求 为了安享晚年

浓浓中式风，
为爸妈旧居换新颜

装修诉求一览

- **谁住:** 任爷爷、华子奶奶
- **房子:** 53㎡一室一厅 / 朝阳区红莲北里社区 /1980 年建
- **想要:** 房子翻新, 老人住得更舒适方便

"又美观又舒适, 一个都不能少。"

解决痛点
28%

购房者担心
老人居住不舒适

报告显示, 在为了养老而买房与装修的
家庭中, 28% 的家庭是为了老人居住更
舒适。老人住的房子往往是老房子, 住了
一辈子, 房子也老化了。
爸妈辛苦一辈子, 给他们
装修一个新家吧!

任爷爷与华子奶奶在这套房子住了38年,从结婚、生子到慢慢变老,这套房子陪伴了两位老人的一生。但如同它的房龄,房子也渐渐老去,两位老人住着渐感不便。两位老人的儿子任先生虽然早已搬走,但他们的儿子任先生决定重新装修这套房子,从设计、施工到软装,一点一滴,任先生都全部参与。他说:"父母辛劳了一辈子,到了晚年,我想给他们一个舒适的家。两位老人觉得装修太浪费钱,但只有他们能安享晚年,我才会安心。"

设计师支招

为老人装修的房子, 应力求简约, 以舒适、便利为主。

A 家居功能如何布置更合理

厨房变大, 就餐省力
洗衣机有了固定位置
卫生间更方便清理

C 软装如何走中式风?

中式实木卧榻
中式靠枕
中式灯具

B 新与旧, 如何融合

新旧储物柜结合
新壁纸与旧家具协调

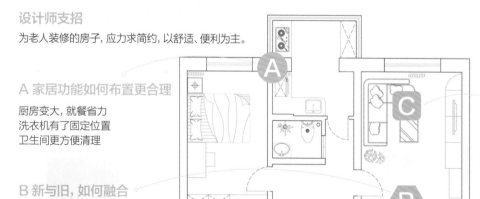

设计师
杨小娟

今朝装饰21度设计工作室研究员设计师,从业9年。
设计理念:设计源于生活,细节成就品质.勤于沟通、
重于大局、微于细节、贵于专业。

A 家居功能
如何布置更合理

厨房变大,就餐省力

厨房只有 3 ㎡,空间很小,打掉阳台与厨房之间的墙体后,燃气灶挪到阳台,把阳台也纳入厨房范围内。而且采用 L 型结构的厨房类型,紧凑安排洗、切、炒等功能。厨房扩大后,就餐位置从客厅变到厨房,做好菜转身就能吃。

拆除门连窗部分,扩大厨房使用空间

改造前

①橱柜采用抹茶色整体板。
②洗衣机从门厅挪到厨房。
③燃气灶挪到阳台。

改造后

改造后

洗衣机有了固定位置

原来由于卫生间小,洗衣机只能放在门厅,门厅没有下水道,于是洗衣服只能一次次把洗衣机推到卫生间。厨房扩展到阳台后,洗衣机固定放在厨房,给老人省了很大力气。

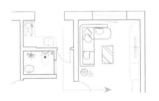

过去就餐动线过长,现在把餐桌放在厨房后,转身就能吃到饭

为了孩子上学

为了改善居住

为了结婚

为了单身自住

为了安享晚年

101

卫生间更方便清理

新装修的卫生间在墙砖铺贴中采用墙压地，就是墙砖压在地砖上的方式，这样的好处是墙砖不存水，洗澡后，墙面水珠顺着墙砖流到地砖，保证了墙面的整洁，清理起来更方便了。

改造前　改造后

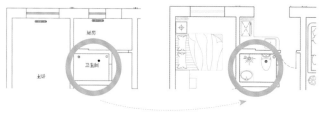

卫生间墙面采取墙压地的工艺，不容易积水。

B 新与旧 如何融合

新旧储物柜结合

任爷爷和华子奶奶念旧，好多家具他们都舍不得扔，比如说客厅的这个红色大壁橱，他们已经用了 20 年，早已用出感情来了。装修时壁橱顶部加上一排橱柜，储物空间增大，新白色与旧深红色完美融合。

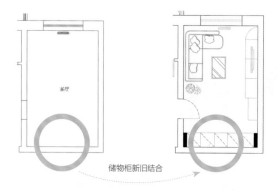

储物柜新旧结合

改造后

改造后

改造前

新壁纸与旧家具协调

除了橱柜，卧室的床、梳妆台、电视柜等家具都用了很多年。为了不让旧家具在新家中显得突兀，壁纸、窗帘特地选择了与旧家具相搭配的花色。新旧搭配的目的，是让老人住得不觉陌生，又住得舒适。

旧梳妆台、旧挂画与淡雅印花壁纸搭配，空间更典雅。

软装如何走
中式风

中式实木卧榻

走进任爷爷家，就有一股浓郁中国风迎面扑来，这是两位老人喜欢的风格。客厅的实木卧榻，其中国红的经典颜色，与两位老人的年龄阅历相益得彰。除了卧榻，整体家具以实木为主，与主人年龄阅历极为匹配。

改造前

改造后

④红色实木卧榻显得大气、沉稳。
⑤⑥红色福字靠枕，是随时流露出的中式情结。
⑦⑧中式吸顶灯与环境相得益彰。

中式靠枕

客厅卧榻、卧室睡床上，都放置了红色中式靠枕。这是儿子特地给两位老人购买的。任先生说，他想把爸妈喜欢的中式风渗透进每一个细节。

改造后

改造后

改造后

改造后

中式灯具

门厅、客厅与卧室都采用了中式灯具，中式吸顶灯衬托着整个空间，含蓄古雅，与家中的其他家具装饰相得益彰。

本案例装修花费参考

● **硬装：15 万元** 含翻新、水电改造
● **软装：5 万元** 柜体定制等
● **分期总额：20 万元** **分期方式：**等本等息
分期时长：18 期 每月还款：6638 元

装修一套
90 m² 二室一厅的房子
约需60 多天

- ●装修前（量房、设计等）：约 10 天
- ●装修中（拆改、泥木、油漆等）：约 45 天
- ●装修后（成品安装、软装）：约 10 天

提醒： 如果木门、衣柜、橱柜等家具需要定制，从厂家最后一次上门测量开始计算，通常需要 30~90 天不等的加工时间，整体装修时间将加长。

初步规划

① 初步规划

参考装修案例选定风格
了解家庭成员居住需求
初步确定家具数量与摆放位置

② 选择装修公司

量房设计
出预算表和效果图
签订合同
缴纳首期装修款

③ 到物业申请装修许可证

交装修押金
如果要改动墙体需向物业提出申请

前期购买

室内门、排风扇、浴霸、地漏、马桶、洗漱台、橱柜、油烟机、灶具、热水器、水槽面盆、定制家具、开关插座面板、灯具、花洒、水龙头、瓷砖

① 主体拆改

原有砖墙拆除，不动结构墙
拆除旧瓷砖、旧门窗
铲除旧墙皮、旧地板

② 木工等上门测量

木门厂家第一次测量
定制家具、橱柜第一次测量
瓷砖商家上门测量，确定铺贴方案

③ 水电改造

进行水电走向的设计
水电材料进场
墙面或地面开槽
埋入管线和暗盒
检测电路，水路试压
用水泥沙灰抹平线槽
刷墙或壁纸铺贴后，安装电路面板

④ 防水工程

地面及墙面部清理并找平
对上下水管根部清理并进行堵漏处理
用美纹纸根据施工高度粘贴轮廓线
刷第一遍防水涂料
24 小时后后刷第二遍防水材料
24 小时后做闭水试验

FLOW CHART OF HOME DECORATION

家庭装修流程图

中期购买

木工板材.地板.吊顶.油漆涂料.五金件.壁纸、电视、冰箱、洗衣机、空调

1 木工工程

木工进场, 查看工地
木材与使用工具进场, 搭建施工台
架设吊顶龙骨
制作背景墙、门窗、门窗套等
制作橱柜、衣柜等家具

2 泥瓦工程

瓷砖到货验收、铺贴交底
预制过梁, 加固墙体
砂浆层增厚
墙面凿毛处理
铺贴瓷砖、填缝
清洗瓷砖

3 油漆工程

清扫墙面、家具基层
刮两遍腻子
涂刷封固底漆
涂刷第一遍涂料
复补腻子
涂刷第二遍涂料
磨光交活

后期购买

窗帘、装饰品、绿植

1 成品安装

热水器安装
厨卫吊顶天花板安装
橱柜上门安装
烟机、灶具、洗菜水槽安装
室内门安装
地板安装
铺贴壁纸
开关插座安装

2 五金件安装

包括地漏、晾衣架、衣钩、
花洒、毛巾架、置物架、皂
液器等

3 竣工验收

对油漆、泥工、木工、隐蔽
工程等方面的验收

4 软装布置

窗帘布艺安装
家具电器进场
挂墙画、摆设工艺品布置

入住准备

1 拓荒保洁

清理装修垃圾
墙面、地面、玻璃全面清洁

2 准备入住

室内环保检测治理
摆放绿植、放置活性炭等
开通电话、电视、网络、天然气
一般通风 3 个月后可入住

Part 3

不同年代的
老房子
该这么装修

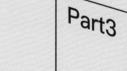

时光看不见摸不着却总在它经过的地方留下痕迹，十几年甚至几十年的时间过去后，老房子已经不似当初刚装修完那般神气，斑驳的污渍、破旧的沙发、陈旧而过时的家具，它仿佛年迈的老人缓缓地吐露着沉重的气息。是时候来一场翻新了，敲掉陈旧的地板和灶台，换掉时常罢工的管道和水龙头，装上简单时尚的新家具，让老房子焕发"新"活力！

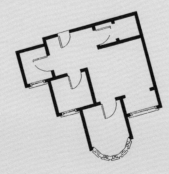

装 修 指 南

70、80 年 代 房 屋

如果你买到 70、80 年代的房子，可能存在以下问题：

没有厅

墙面
掉皮

暖气
难打扫

这些问题可以这样解决:

最常见的结构
砌体结构、砖混结构和框架结构的红砖楼

80年代的房子，以砌体结构、砖混结构和框架结构的红砖楼最为广泛，通常楼层不会超过6层且没有电梯。

最常见的布局
东西南北都有窗，就是不通透

这个时期的住宅建筑大部分还没有以人为本的设计理念多为6层以下建筑，没有电梯。几乎找不到南北通透的户型，窗户朝向东西南北都有。

卫生间狭小

●狭小的厨房和卫生间
厨房空间狭小在建设之初没有燃气管道和管道井，燃气管道是在后期改建的。
卫生间 1 ~ 2m² 很常见，基本为蹲厕。

●没有客厅
没有客厅，只有很小的门厅或过道，起居寝住功能混用。

拆墙打洞

●拆墙打洞需要注意什么?
砌体结构和砖混结构的房子，室内墙多为承重墙，基本不能随意拆除或开门打洞。
框架结构的房子，墙体通常只承担围挡作用，在确认结构安全的情况下可以做局部调整。

顶面开裂

●顶面开裂是咋回事?
多数使用预制混凝土空心板作为楼层间的楼板，预制板之间的缝隙容易开裂，装修顶面要注意板子之间缝隙的处理，建议使用石膏板吊顶避免日后开裂。

摸着良心建议:

这样的房子，建议根据不同年龄的家庭结构，进行全新的空间设计。

比如:
●做饭机会不多的家庭可以考虑开放式厨房，改善拥挤的空间;

●有孩子的家庭，尽可能给孩子划分出独立学习和玩耍的空间;

●尽可能利用角落、墙面和地面做出更多的收纳空间，可选用多功能性家具来节省空间。

最常见的窗户
一刮风就呜呜响、跑风、漏土、不隔音，跟这样的窗户说再见吧！

窗户多以木质框架和铁质框架配单层玻璃为主，保温性能、密封性能、隔音性能等都比较差。

强烈建议：
●装修时考虑清楚外窗是否更换，随装修工程一起改造，避免日后更换破坏已经做好的装修。
●使用现在广泛应用的断桥铝中空双玻结构的门窗进行改造。

木窗

铁窗

推拉塑钢窗

门窗窗

●老窗的痛
木窗容易变形，开启困难，钢窗容易生锈且密封不严，玻璃容易松动甚至脱落，单层玻璃不能有效隔热保温。

●推拉塑钢窗，听着就不严实
部分住宅经过政府节能改造更换了推拉塑钢窗，相应性能有所升级，但改善效果一般。推拉塑钢窗带有先天的无法保持密封的缺陷，密封和保温性能都不能得到保证。

●拆阳台门连窗的墙体需谨慎
阳台多为门连窗结构，门窗也以铁质框架配单层玻璃为主，室内与阳台间的配重墙体不建议拆除。

最常见的室内环境
一蹭一身白的墙与被暖气片熏黑的墙同时存在怎么办？

墙面和顶面基本是刷大白，地面为水泥压光处理。有些80、90年代的装修采用绿色漆面墙围、软包墙面等装饰。

强烈建议：
●装修时需要把墙面顶面装饰全部铲掉，露出红砖或基础，重新做找平后再做最终饰面。
●装修前考虑好是否更换采暖设备，使用地面辐射采暖还是壁挂散热片采暖，需要在装修开始就进行先期改造。

●墙面开裂、发霉、卷皮、脱落
这些病，都得治
经过长时间使用，墙面和顶面存在不同程度的开裂、渗水发霉、卷皮、脱离掉落等现象。

●糟心的暖气片
这个年代大多数楼房使用铸铁暖气片，占用空间且卫生死角不易清理；易熏黑墙面；散热不均匀，近热远冷；暖气片内部容易腐蚀导致渗漏及堵塞等。

铸铁暖气片

最常见的电路
麻花线电线爬满墙，你还要忍？

在有线电视和电话还不是主流需求、网络还没进入家庭的年代，弱电线路通常都是在后期自行改造时临时拉建；强电系统也因为当时的用电设备较少，原始配置完全不能满足现代日常生活的需要。

满墙电线

● 爬啊爬啊爬满墙
满屋的插座板和爬满墙面的各种电线是这种房子里最常见的状态。

电线隐患

● 铝芯线的隐患
当时的强电线路以使用 1.5 ~ 2mm^2 的铝芯线为主，麻花线也很常见，铝芯线导电功能差、易发热、易氧化，接头易打火。

● 灯绳
灯控开关采用拉绳式控制，经常出现拉断的情况。

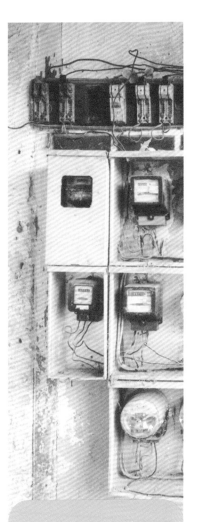

为了您及家人的安全，必须建议：

在装修之前对家用电器点位和需要照明的点位进行系统规划，强弱电分开，照明、电器、插座、大功率电器等回路需要分开处理，并选用对应需求的线材，以 2.5~6mm^2 的铜芯线为主。

最常见的水路
自来水发黄，竟是管道惹的祸！

镀锌钢管作为那个年代最常用的水管，所有管线均采用明管布置，占用空间且影响美观。使用几年后，管内产生大量锈垢，流出的黄水不仅污染洁具，而且夹杂着不光滑内壁滋生的细菌，锈蚀造成水中重金属含量过高，危害人体健康。

镀锌管

● 你家的镀锌管，早就被禁用啦！
60、70 年代，国际上发达国家开始开发新型管材，并陆续禁用镀锌管。中国建设部等四部委也发文明确从 2000 年起禁用镀锌管。

老式水表

这个建议，关乎一家老小喝的水：

建议在装修前对上水下水位置进行细致规划，并在装修过程中对水路管线进行升级、隐蔽布线。
如有必要建议增加水处理系统。

孩子"飞"走了
空巢也要狠狠的幸福

70、80年代的房子
你该怎么装修？

房屋诊断
这些问题，阻止了老房子焕发第二春
1. 客厅面积狭小，且为暗厅，采光不理想；卫生间比较小，并且是暗卫，需开灯照明才能使用；
2. 上一次装修已经在十年前，建筑的水电路已经老化，不能满足现在的安全使用需求；
3. 房顶为预制板结构，出现大裂缝；墙面年代比较久，出现裂纹、脱落且比较脏。

装修诉求一览

● 谁住：已经退休的中年夫妻 / 女儿在外地上学
● 房子：53m² 两室一厅 / 北京市丰台区北大街北里 1980 年老房子
● 想要：功能更合理、实用

"房子是生孩子那一年买的，后来装修过一次，但是也有年头了，到处堆满了杂物。以前三口人住，现在孩子偶尔回来住一下，我们想把房子重新装修一番，更符合我们现在的需求。"

适应空巢很难，在女儿上大学后，多年为了孩子而活的僵局被打破了，张阿姨一下子还有些不适应，不知该以什么样的心态开始空巢生活。直到有一天她理完发回家，老公由衷地对她说："亲爱的，你的发型真漂亮！" 望着满屋子堆放的旧物和杂乱的客厅，张阿姨决心从房子开始让二人世界重新回归。

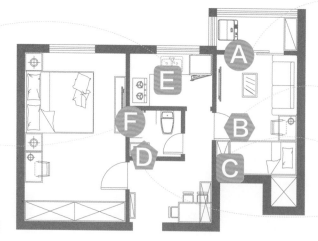

E 对用电点位进行系统规划，更符合现在家庭需求

F 卫生间、厨房增加照明，让没有窗户的空间有光

A 打掉阳台拉门，让空间变大

B 打破原有空间布局，按需调整布线

C 被熏黑的墙面，铲除重做，全屋采用地暖，散热均匀

D 对老旧水路进行水管升级和隐蔽处理

改造重点：

随着人口结构改变，使用功能需要重新升级；对房屋本身老化部分进行换新。

打掉阳台拉门，
让空间变大

1.拆除原有的阳台与客厅之间的推拉门，
让客厅空间更大；

2.全屋窗户都使用断桥铝窗进行改造，
使保温性、节能性、隔音性更好。

改造前：
次卧现在为后改造的餐厅，孩子回来没有地方住。
客厅与阳台用拉门隔断的老式结构，阻挡光线，缩小
空间。

改造后：打掉阳台拉门

改造前

改造后

打破原有空间布局，
按需调整布线

1.根据需要对平面布置进行
全新设计，调整部分轻体隔
墙位置以满足使用需求。

2.将餐桌移到原来客厅床
铺位置，餐客厅一体，空间
使用更合理。

3. 将卧室门位置移动, 增加玄关鞋柜和储物柜, 使家庭收纳空间更充足。

改造后

 C 被熏黑的墙面, 铲除重做
全屋采用地暖, 散热均匀

墙面铲除至见到红砖

铲除原有墙面所有基层处理, 直到见到红砖, 对基层进行标准工序处理后, 重新滚涂装饰涂料。

改造前

改造前:
墙和屋顶出现不同程度的开裂、发霉、卷皮、脱离掉落、粉尘化等现象。卧室的钢窗, 过于老旧已经腐蚀损坏需要更换。
暖气片占用空间, 熏黑墙体, 冷热不均。

改造前

改造后

卫生间、厨房增加照明，让没有窗户的空间有光

卫生间采用白色瓷砖提亮
由于卫生间没有窗户，采用了浅色瓷砖，增加了灯光照明，有效提升了卫生间的舒适度。

厨房增加照明
厨房在操作台面上方额外增加了照明，橱柜重新设计，使用更加方便。

对老旧水路进行水管升级和隐蔽处理

上水管线全部更换为新材质，并对用水点进行重新规划，合理布置走线位置，对管线做隐藏处理。

对用电点位进行系统规划，更符合现在家庭需求

厨房用水同样根据需要重新布置了水路并隐藏了水管，重新设计布置电路，根据生活需要布置足够插座点位。

本案例由万链客户授权提供
装修花费参考
- 硬装：6.2 万元　●软装：6 万元
- 分期总额：12.2 万元　●分期方式：先本后息
- 分期时长：12 期
- 每月还款：976 元，一年后还款 12.2 万元

装 修 指 南
90 年 代 房 屋

如果你买到 90 年代的房子，可能存在以下问题：

水管裸露老化

顶面开裂

电线裸露

这些问题可以这样解决：

最常见的结构
拿什么拯救你，开裂的预制板吊顶？

前期结构基本与 70、80 年代一致。随着 90 年代后期商品房、经济适用房、安居工程为主的多层次住房体系开始形成，出现了高层住宅、小高层住宅、多层住宅、高密度住宅、联排、别墅等多种住宅形式。
常见房屋结构是砖混结构和框剪结构。

砖混结构
砖混结构，用砖和水泥砂浆砌筑而成，结构整体性增强，很多墙体是承重结构，不允许拆除，不能随意地拆墙打洞。

框剪结构
框剪结构，是框架结构和剪力墙结构两种体系的结合，有些有圈梁.构造柱，墙体虽然可能也是红砖砌成，但多数墙体为轻体墙，轻体墙不承重，所以改造起来相对简单。

砖混结构

框剪结构

● **墙面顶面开裂怎么办？**
同 70、80 年代一样，大多数 90 年代住宅楼板一般使用预制多孔板作为楼层间的楼板，每一个房间的房顶都是若干个预制多孔板拼接而成，装修顶面要注意板子之间缝隙的处理，建议使用石膏板吊顶避免日后表层开裂。

最常见的布局
经验不足的粗糙商品房，装修要注意什么？

90 年代的商品房也有着明显的时代特点，做工粗，布局也不是很合理。这个时候正好是取消福利分房的年代，商品房刚刚起建，这些都是因为经验不足造成的。

客厅

● **开始有了厅的概念**
户型设计上开始出现"厅"的概念，有了客厅餐厅，卧室房间门大都直对着客厅与餐厅，无隐密性。

● **封闭式阳台已经比较常见**
阳台通常使用钢窗进行封闭，并且阳台不设保温层，整体保温隔音性能都比较差。

● **小卫生间小厨房**
卫生间尺度有所放大，但由于不是以人为本的设计，布局仍不是很合理。马桶位置和淋浴位置经常无法区分，也没有干湿分离的概念，洗个澡都转不开身；有窗户的卫生间还是少数，多数暗卫不开灯就漆黑一片。
厨房空间虽然也有所放大，但和卫生间一样，存在布局不能满足现代人使用需求的情况。

装修建议：
在房子装修过程中，建议根据家庭成员不同的年龄结构，合理布局。
卫生间可做成干湿分离，改善拥挤状况；厨房增加橱柜收纳空间；
客餐厅建议铺设地砖，便于清洁；卧室尽量铺设木地板，脚感更为舒适；
选择储物功能强大的家具，满足全家老小的收纳需求。
同 70、80 年代一样，要对水电管线进行重新规划，并做更换和隐蔽处理。卫生间防水层必须重新施工，并做闭水试验。

小卫生间

最常见的窗户
拉不开关不严的推拉塑钢窗，
考虑换换吧！

窗户多以铝合金边框及塑钢边框为主，塑钢窗成为继木、铁、铝合金窗之后，国家积极推广的一种窗户形式。

铝合金窗　　　　　　　　　塑钢窗

●铝合金窗，治标不治本
铝合金窗虽然解决了木窗和钢窗的一些缺点，但型材本身为金属材料，冷热传导快，滑轨易损坏，多为推拉形式，没有从根本上解决密封、保温等问题。

●塑钢窗的优缺点
塑钢窗从材质上具有良好的隔音、保暖、稳定性好的优势，现仍被广泛使用。但常见的塑钢窗为推拉形式，存在先天设计弊端：易变形、密封性不好。

推拉式塑钢窗

●推拉式塑钢窗，问题也不少
国家积极推广的一种窗户形式，是推拉塑钢窗，两扇窗户不能同时打开，最多只能打开一半，通风性相对差一些；轨道槽不便于清理，容易产生卫生死角；由于结构原因导致整体缝隙较多，密封性不好。

最常见的室内环境
依旧是刮大白，
掉粉严重，一抹一手白

墙面基础仍然以刷大白为主，不是掉粉就是大面积的空鼓，甚至出现不同程度的裂开、发霉、卷皮、脱离掉落等现象。

●那个年月的装修
这期间开始出现业主自主装修行为，主要装修形式为：制作木制墙围、墙面软包、包暖气片、贴瓷砖、铜条压缝、现场制作木质家具等，开始使用窗式空调机。

> 装修时需要把墙面装饰全部拆掉，露出基层，重新找平再做饰面处理。

●被包起来的暖气片
20 世纪的 90 年代供暖与 80 年代基本一致，依然使用铸铁的暖气片居多，多数家庭装修时选择将暖气片用木质装饰包起来，于是产生了更加难以打扫的卫生死角。

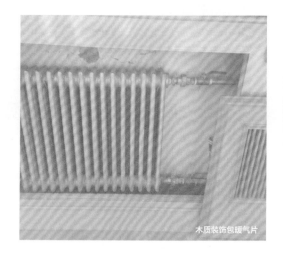

木质装饰包暖气片

> ## 采暖的建议
> ●装修前考虑好是否更换采暖设备，使用散热较为均匀的地面辐射采暖，需要在装修开始就进行改造。

最常见的电路
告别摸灯绳时代，面临跳闸阴影

随着有线电视和电话走进各个家庭，这个时期的商品房增加了有线电视和电话的预留接口，灯绳被小按键开关面板取代。

●跳闸成常态

室内线路已经开始采用 1.5mm² 或 2.5mm² 铜芯电缆，家庭照明与插座大多分 2~3 个回路，所有的家用电器甚至包括空调、厨卫电器插座均属于同一个回路，如果负荷过大，就会"跳闸"，造成其他电器都无法使用。

老式热水器

●怎样规划电路才最安全合理？

老房子的配电箱设置一般都比较老旧，回路过于简单，需要根据所有的用电设备的功率大小，规划出安全合理的电路设计。配电箱内应为多个开关回路，包括：总开关、空调、厨房插座、卫生间插座、照明、普通插座等。如果有超大功率电器，还应增加单独回路。

●明线趴在墙上，简直丑死了

20 世纪末部分旧楼房的强电系统曾进行过增容处理，增容部分一般仅限于空调回路，基本上能保证使用。但是这些增容线缆大多为线槽走线或者直接用护套线走在墙体外面，对墙面的整体美观性有严重影响，需要改造为暗线。

电路规划不合理

最常见的水路
快 20 年的水管，生锈、漏水……开始不停找麻烦

和 80 年代相仿，原始建筑大部分给水管采用的仍然是镀锌管，这种材质的水管管壁中容易滋生铁锈而影响水质，并且大多还是为明管安装，管道年久失修也容易出现滴水渗漏的问题。

老旧卫生间

●铝塑管，也有问题

有些业主装修时选择了铝塑管代替原有管线，但铝塑管接口特殊，年头长了容易出现渗漏。并且这时候的装修通常会把水管埋在墙内和地下，在地下的水管一旦渗漏容易殃及楼下邻居。

铝塑管

三代同堂，
也能舒舒服服

装修诉求一览

● 谁住：年轻夫妻、上小学的儿子与爷爷奶奶同住
● 房子：140m² 三室两厅 / 北京市丰台区星河城东区 1999 年的房子
● 想要：功能完善，空间合理，最好有孩子的独立空间

"房子是当时为了结婚买的二手房，特意买的大一些，方便三代人同住，互相照顾。但是孩子马上上小学，考虑到未来孩子不断长大，想把房子重新装修，空间更适合孩子学习和娱乐。"

90年代的房子
你该怎么装修？

房屋诊断

看上去不错的房子，依旧存在这些问题

1. 房子十几年前进行过装修，内墙贴有墙纸，已经出现污损；原有强化复合地板出现脱色、翘起等损坏；
2. 电路线缆预埋位置不清晰，且插座点位不能满足使用需求；
3. 厨房和卫生间上水管线畅通但水管走线位置不明确，上水点位不能满足现在的使用需求；下水管线畅通；
4. 下水管材质为 PVC 材料且管线外露，冲水噪音较大；
5. 灯光位置不能满足使用需求。

孩子一天天长大，眼看上小学了，为了方便接送照顾孩子，把家里小房子卖了，买了个大的，让老人过来一起住。考虑到孩子学习，要有自己的独立空间，房子需要重新装修。在装修风格上，要顾及父母的审美观，又不能太"土"，最好是时尚里带着稳重那种。

A 将一间卧室改造成孩子的空间，增加房屋使用功能性

E 开裂发霉的墙面，铲除重做找平
暖气散热不均，采用全屋地暖

改造重点：

增加功能性，
孩子有自己独立
的空间

B 厨房增加储物柜，增加收纳空间

C 进行双卫改造，满足家庭使用需求

D 合理分配电路，增加回路，解决家里经常跳闸的问题

A 将一间卧室改造成孩子的空间，增加房屋使用功能性

将临近客厅的卧室改造成多功能空间，既能满足孩子的学习，又能满足孩子的起居娱乐需求。

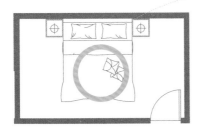

将一间卧室改造成孩子的空间

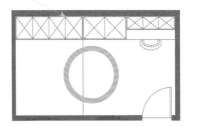

改造前

改造后

厨房增加储物柜，增加收纳空间

将原来的"一"字形橱柜拆除，采用 L 形布局，增加了存储空间和操作台面积。

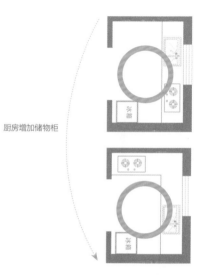

厨房增加储物柜

进行双卫改造，满足家庭使用需求

做了第二卫生间，避免在使用卫生间高峰时期的争抢，也能避免家庭矛盾，让生活更方便。

增加一个卫生间

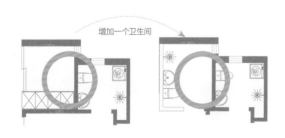

改造后

合理分配电路,增加回路,
解决家里经常跳闸的问题

需要根据所有的用电设备的功率大小,规划出安全合理的电路设计并增加回路,包括:总开关、空调、厨房插座、卫生间插座、照明、普通插座等。

厨房电路布置已经超过 10 年未更新,现有插座点位不能满足家电使用需求。

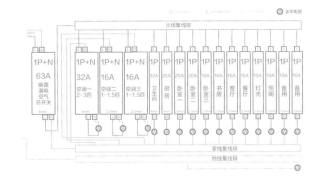

改造前

改造后

开裂发霉的墙面,铲除重做找平,
全屋地暖,解决暖气散热不均问题

需要把墙面装饰全部拆掉,露出基层,重新找平再做饰面处理。
全屋更换了地暖为采暖方式, 散热均匀且使空间更完整。

卧室墙面涂料由于时间较长,已经出现发黄变色,部分墙面熏黑,顶面可见裂痕。

壁挂式散热片暖气片,容易熏黑墙面,缝隙不易清理,而且散热不均匀。

本案例由万链客户授权提供
装修花费参考
● 硬装: 20.8 万元　　● 软装: 11 万元
● 分期总额: 31.8 万元
● 分期方式: 等本等息　　● 分期时长: 36 期
● 每月还款: 10555 万元

装 修 指 南
2000 年后的房屋

如果你买到 2000 年后的房子, 可能存在以下问题:

毛坯房

简单装修

精装交付

这些问题可以这样解决：

钢混结构

最常见的结构
墙都不能拆了

进入 21 世纪以来，随着建筑行业的越来越成熟，更多住宅建筑已经采用现浇钢筋混凝土结构，抗震性大幅提升。同时，拆墙变成了一件更加不可能的事情。

钢混结构

钢混结构

●现浇板有多好？
楼板开始使用现浇板，顾名思义现浇板就是铺好钢筋，然后灌混凝土现浇的。这种楼板的优势就是承载力好、稳定性好、隔音效果好，楼板与圈梁、构造柱整浇，结构整体性大大增强，抗震性能好得多。

最常见的布局
够舒适才是王道

作为与人类关系最为密切的形态，21 世纪的住宅，更注重建筑的本质，是给人创造一个安全舒适的生活环境，人们在装修时更加注重和强调自然、健康、舒适与温馨的居家。

跃层

飘窗

●五花八门的户型
人们对住宅内各个功能空间安排提出了具体要求，出现了三居、四居、跃层、复式等各式各样的房屋户型，强调了动静分区、居寝分区等。
门厅、客厅、餐厅、娱乐厅等，主卧、客卧、儿童卧、保姆卧等，对家居空间有了更细致地使用功能划分，卫生间变得更多，阳台、露台、飘窗等增加居住舒适度的设计也更为普遍。

●以人为本的装修，才是好装修
这样的房子在装修中，应针对具体户型对于购买面积的要求，尽可能地满足家庭成员的需求和喜好；同时根据家庭人口的变化、生活习惯、职业需求等进行灵活地调整，提供一个更安全、舒适的空间，满足居家会客、起居、餐饮、学习、工作、洗漱及储藏等方面的要求。

最常见的窗户
断桥铝门窗，时尚、时尚最时尚

在90年代末期的新建建筑，平开式塑钢窗已经成为标配，推拉塑钢窗已经不再多见，虽然平开窗解决了推拉窗密封不好的问题，但其隔音性能和美观程度有限，再装修时很多家庭会选用各方面性能更好的断桥铝门窗。

●断桥铝门窗，好处多多
断桥铝合金，色彩多样，易维护，在保温性、隔音性、防火性、密闭性、抗老化等方面都明显优于塑钢，所以建议大家在装修中还是尽量选用断桥铝合金的门窗。

断桥铝门窗

平开式塑钢窗

最常见的室内环境
开始出现了混搭风

此时内墙装饰风格多样、材料多变，墙砖、墙纸、墙漆等装饰手段混搭出现。

●壁纸、瓷砖、吊顶等，如何除旧迎新
毛坯房交付通常为水泥压光地面，石膏找平加非耐水腻子墙顶面，通常业主会选择装修后再入住。买到的二手房可能带有壁纸、瓷砖、吊顶等原有装修，再装修时需要完全铲除墙面壁纸和顶面乳胶漆直到石膏层，如果瓷砖也需要重新铺贴，同样需要铲除原有瓷砖露出基础，重新对基础进行找平。

建议在装修前考虑好是否加装全屋空气净化设备。

●雾霾天这么多，新世纪的建筑也难以解决
随着人们对雾霾天气关注度的增加，对居住环境也有了更高的要求，多数住宅在交付时，不具备新风、除霾等功能。

老房瓷砖

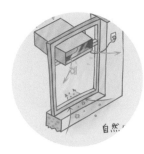

●暖气片越来越少见
部分房子还是以传统散热片和优化设计的散热片为主，仍然存在20世纪散热片采暖方式的同样问题。部分高品质住宅已经采用了地面辐射供暖系统，建议有条件的家庭，再次装修时直接选用地面辐射采暖，散热均匀且节约空间。

最常见的电路
已基本满足家庭需求，局部微调即可

2000 年之后所建的商品房屋，大多强弱电系统与新交房屋相差不大，电路改造方案以局部改动为主，一般不需要改变整体系统。

●超龄的需更换

毛坯交付或精装修交付的房子，已经留出电话接口、宽带接口、有线电视接口等，基本采用大按键开关面板，通常不会见到明显布置，强弱电区分了不同的分电箱，建议线路年龄超过 10 年以上的要进行更换。

●设计好开关和插座

随着每个家庭装修时使用的灯具和电器越来越多，有很多地方需要放置开关和插座。在装修前一定要提前做好布线工作，哪些地方需要放置什么电器要提前做好规划。

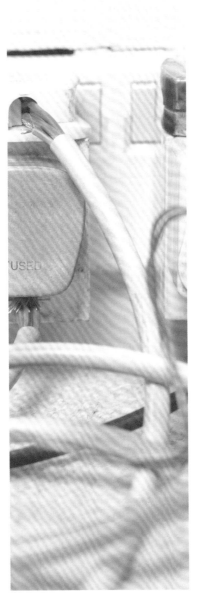

最常见的水路
管道预埋已成常态

2000 年之后，房屋的上下水系统设计得更加合理。给水管道通常采用 PPR 管材，并且在墙内走线，接口使用热熔方式，杜绝了"跑、冒、滴、漏"的现象。下水管道通常采用 PVC 材质，不易产生锈蚀老化现象，但冲水时噪音明显。

净水系统是什么

●净水系统，你家应该也需要
随着生活水平的提高，人们对水质和用水安全也有了更高的要求，建议有条件的家庭可考虑安装水处理系统，满足用水需求。

127

小两口的第一个家，
让梦想照进现实

2000年后的房屋
你该怎么装修？

房屋诊断
把这些问题都处理掉，小房子就清爽
多了
1. 厨房操作台小，无法满足使用需求；
2. 距上一次装修时间较久，建筑的水
电路已经老化，需要改造升级；
3. 房顶出现裂缝，墙面出现裂纹、脱落。

装修诉求一览
- ●谁住：已经结婚3年的丁克
- ●房子：57m² 一室一厅 / 北京市丰台区草桥欣园三区 2002年的房子
- ●想要：根据使用功能重新改造

"结婚前我们就决定了不要孩子，本来我们打算一直租房子住的，把钱用来世界各
地去旅游。后来觉得两个人也得有个二人世界的空间更好，买了套小一点的二手房，
足够我们两个住了，重新装修一下，感觉上是自己喜欢的窝就可以。"

我当时买房子，也没什么要求，卧室朝南有阳光就行。厅内摆设尽量简单些，也不想买多少值钱的家具，我平时比较喜欢
瑜伽，客厅要有能练习瑜伽的地方，我老公喜欢电影，有一半墙面可能全部是他电影的海报。对了，还有他的一堆健身器材，
我们有好多全世界收集的纪念品，养生保健品，需要有地方放，这样家里显得干干净净的。

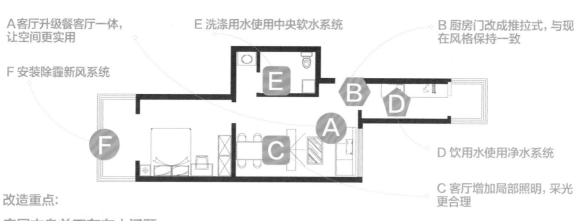

A 客厅升级餐客厅一体，
让空间更实用

E 洗涤用水使用中央软水系统

B 厨房门改成推拉式，与现
在风格保持一致

F 安装除霾新风系统

D 饮用水使用净水系统

C 客厅增加局部照明，采光
更合理

改造重点：

房屋本身并不存在大问题，
但随着生活品质提升，需要做水电扩端、安装净水系统、
新风除霾系统等。

A 客厅升级餐客厅一体，让空间更实用

客厅升级餐客厅一体，更具空间感和整体感，这样不论是客厅还是餐厅，看起来都更大一些。

客厅餐厅融为一体

改造后

B 厨房门改成推拉式，节约空间

厨房门为平开式塑钢门，开启时占用空间，且风格老旧。

改造前

C 客厅增加局部照明，采光更合理

在客厅茶几上方、沙发区域、餐桌上方等需要有光的位置，分别采用顶灯、落地灯、吊灯，用多点光源进行照明，改善原来客餐厅单一主光源导致的照明不足。

改造前

 直饮水系统

所有水净化系统全部隐藏安装，并为此对橱柜和厨房布线进行全新设计，以便于收纳整套系统。

改造后

E 洗涤用水
使用中央软水系统

通过使用前置过滤器 + 中央净水机 + 中央软水机，将自来水变成更适合洗澡、洗衣、冲马桶等的生活用水。

卫生间增加洗澡和洗衣机用的软水水位。

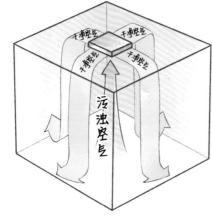

万链空气净化器
循环系统

 F 安装除霾新风系统

雾霾天不开窗，也能增强室内空气流通，输入自然空气。

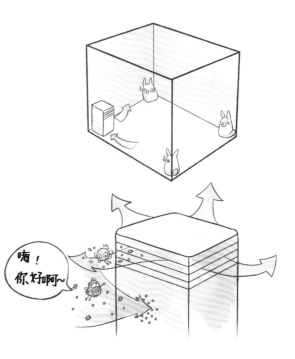

本案例由万链客户授权提供

装修花费参考

● 硬装: 6.6 万元　　● 软装: 8 万元

● 分期总额: 14.8 万元

● 分期方式: 等本等息　● 分期时长: 24 期

● 每月还款: 6906.7 元元

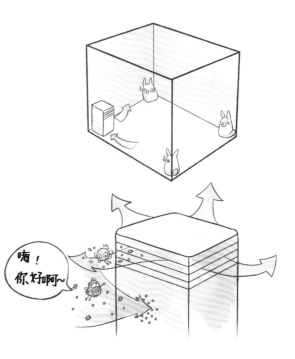

装 修 指 南
老房性能升级

老房
性能升级
装修问题的
破解之法

常见的房屋必须升级的
6 大性能有：
空气净化系统、水净化系统、门窗系统、
全屋地暖、双卫改造、水电扩端。

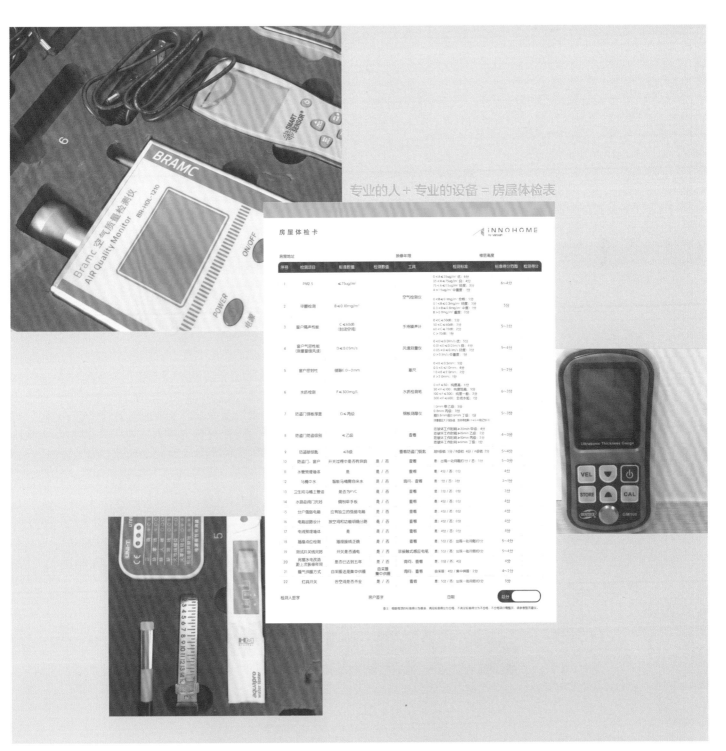

专业的人 + 专业的设备 = 房屋体检表

房屋体检卡　　　　　　　iNNOHOME

你听说过房子也要做体检吗？

在准备装修房子前，建议请专业人士来给房子做一次全面体检，比如了解房屋建造时间，根据建造时间了解建筑特点、户型结构、材料老化程度等。同时针对每个房间，要从空气、水质、噪音、门窗、水电基础等方面，做若干项房屋全面检测，包括墙面有无起皮裂纹、水管的老化程度及点位的分配合理性，在装修之前想好改造方案和应对策略。

检测不是拿嘴说说，也不是拿眼睛看看

装修前，如果要做这些检查，需要有专业的设备，
这几样东西必不可少：
空气质量检测仪、水质检测笔、非接触式感应电笔、手持噪声器、风速测量仪、钢板测厚仪、电源极性检测器等。

有了设备，没有专业的人也是白搭

新风除霾
空气净化系统 { 解决痛点: 室内空气质量不达标

空气净化系统是什么?

新风系统的前身,其实是所谓的"通风器",是为了在不开窗的情况下完成室内的通风换气,但是现在雾霾越来越严重,所以给新风系统加了过滤系统,这个系统附加了过滤 PM2.5 的功能。新风系统在欧美国家的小家庭里早已普及,可是在中国的家庭中,使用的频率不到 1%。

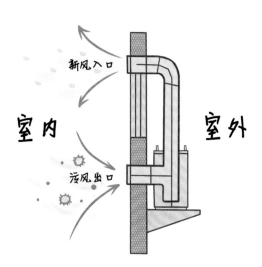

新风入口

室内   室外

污风出口

新房装修如何选用新风系统?

现在市场上有很多种新风系统, 经过对
比和筛选, 建议选用窗式新风机和吸顶
式净化机两种。

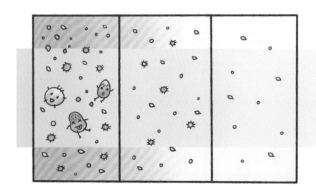

机械进风

自然出风

窗式新风机

1. 自然新风: 雾霾天不开窗, 也能增强室内空气流通, 输
入自然空气。
2. 高效过滤: 10 级 HEPA 滤网, 吸附过滤室内雾霾, 甲
醛和有害气体过滤性达到 99.4%。
3. 无需打孔: 不需要在墙体上打孔, 避免屋内承重墙打
孔隐患。

工作原理:
窗式新风系统的原理是机械进风自然出风, 从室外引入
新鲜的空气, 经过净化后送入室内, 室内污浊的空气由
门窗缝隙挤出, 从而避免了进排风口距离近、容易造成
新风污染。

优势明显:
窗式新风系统相比于管道和壁挂式新风系统, 最大的优
势就是无需打墙孔, 没有任何二次破坏, 直接通过窗框
固定在窗户上, 在不必开窗的情况下就能实现空气流通
换气, 提供充足的氧气。而且因为它设计的简易性, 能
很方便地更新滤网和维护, 非常适合于家用。

吸顶式净化机

1. 合理的进出风循环系统： 净化后的空气由导风面板四面送风，沿天花板和墙壁高速流动，高速气流带动浑浊空气导入机器中央的吸风口，往复循环，消除死角。

2. 高效过滤 PM2.5： 过滤器可有效地消灭各种细菌病毒和微生物，针对 0.3μm 以上的微粒物去除率高达 95%，净化级别高。PM2.5 实时监测采用进口 PM2.5 传感器，能实时监测室内空气品质。

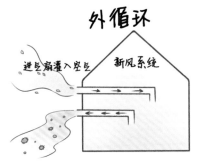

3. 高效过滤器： MayAir pp 过滤器效率高，使用周期长。气体分子污染物过滤器针对甲醛、苯系物具有极强的吸附力。

4. 隐蔽的嵌入式安装： 整机外观简洁，机箱隐藏嵌入天花板中，面板与天花板浑然一体，外观更和谐。

5. 静音享受： 采用优选静音风机，循环送风，安装维护简单，使用方便快捷。

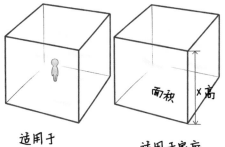

标准通风量

每人每小时 30m³ 新鲜空气

每人每小时 0.7~1 次 全屋换气

适用于 学校、操场

适用于家庭

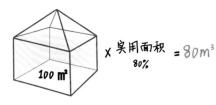

X 吴用面积 80%

100 ㎡ = 80m³

减去 厕所 厨房 = 70m³

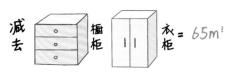

减去 橱柜 衣柜 = 65m³

65 ㎡ X 2.6m（层高）= 169m³

所以，需要满足风量：169m³/h

全屋
水净化
处理系统

{ 解决痛点:
  管道的二次污染

烧开的水就真的安全吗?

现在城市供水主水管是镀锌管, 从自来水中心到家里, 水会被二次污染。没有经过任何过滤的城市自来水大多含有泥沙、铁锈、大颗粒物等沉淀杂质, 烧开的水也无法去除水中的杂质, 所以我们推荐家庭要用水净化系统。

饮用水没有你
想象中安全

什么是家庭净水系统?

全屋净水系统不同于普通家用净水机, 它是一套家庭用水的系统性解决方案, 通过管道将各种水处理设备连接, 层层过滤, 将市政自来水处理成我们可以直接喝的水。

全屋净水系统由前置过滤器、中央净水机、中央软水机和末端直饮净水器组成, 这 "四大天王" 会牢牢为您把控家庭用水安全。

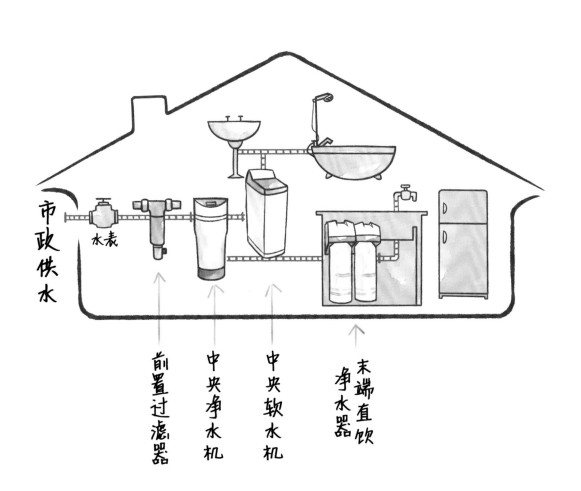

市政供水

水表

前置过滤器

中央净水机

中央软水机

末端直饮净水器

前置过滤器
最初级的过滤

前置过滤器是全屋进水处理的第一关，是比较初级的过滤，过滤掉类似泥沙、铁锈这样大的杂质，它一般安装在水表后方，可以延长其他过滤设备的使用寿命。

1. 初级过滤： 滤掉自来水中的泥沙、铁锈、藻类等一些大的颗粒物。
2. 滤网清洁： 不锈钢滤网和反冲装置，不用频繁换滤网，及时反冲滤网杂质。

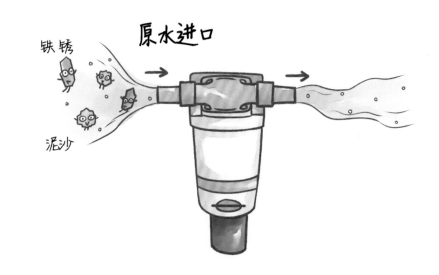

原水进口
铁锈
泥沙

全屋净水解决方案
1. 厨房用水
2. 日常洗澡用水
3. 早上洁面洗漱
4. 日常清洁用水

中央净水机
过滤农药、致癌物等

自来水首先经过前置过滤器过滤后，就来到了中央净水机，中央净水机的过滤比前置过滤更细一些。
1. 消灭致癌物： 中央净水机可去除余氯、农药等有机化合物，以及三氯甲烷、四氯化碳等致癌物质。
2. 双重过滤： 滤料为石英砂及食品级活性炭，机身采用食品级材料。
3. 自动冲洗： 显示屏可以设置自动冲洗功能。

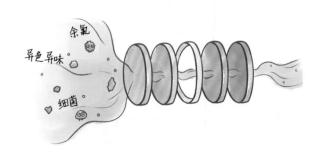

余氯
异色异味
细菌

中央软水机
软化水质

中央软水机主要解决硬水所带来的水垢问题，软水机运用离子交换原理，通过钠离子置换出水中生成水垢的钙、镁离子，从而使水体软化，可对全家的所有用水进行全面软化。

1. 硬水变软水: 软水机可使衣物更柔软、皮肤细腻光滑; 水管、龙头、花洒、热水器等不易产生水垢。
2. 智能控制系统: 可根据家庭实际用水量、进水硬度和用水习惯，自动进行再生，轻松做到按需软水，更加经济。

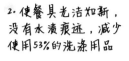

1. 它能使清洗后的皮肤无紧绷感，光泽细腻，有效抑制真菌延缓皮肤衰老

2. 使餐具光洁如新，没有水渍痕迹，减少使用53%的洗涤用品

3. 使衣物柔软、色泽如新，减少洗衣粉55%使用量

4. 使热水器寿命延长一倍以上

4级纯物理过滤滤芯

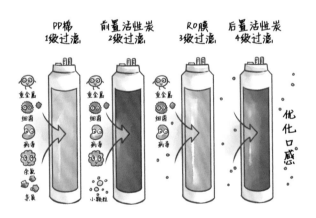

PP棉 1级过滤　前置活性炭 2级过滤　RO膜 3级过滤　后置活性炭 4级过滤

重金属　细菌　病毒　余氯　杂质　小颗粒　优化口感

末端直饮净水器
产出直饮水

末端反渗透直饮机其实就是净水器，它产出的是纯净的水，可有效过滤掉细菌病毒、重金属、有机化合物、刺鼻气味、泥沙、重金属、矿物质，这样过滤的水是最安全保险的。

1. 反渗透技术: 前置 PP 棉、两级前置活性炭、RO 膜以及后置活性炭，选用的是世界第一反渗透膜品牌的美国陶氏 RO 膜，过滤孔径仅为 0.0001μm，彻底去除水中有害物质。
2. 三级过滤技术: 滤芯包含活性炭滤芯及原装进口反渗透膜滤芯，内置增压泵，工作水压为 150 ~ 400kPa，彻底去除水中的杂质，使其达到直饮水的级别。

全屋
门窗改造
升级系统 { 解决痛点：
门窗老旧

装修时门窗改造如何选择？

老式木质门窗，容易老化变形，且密封性、隔音性、保暖性较差；钢制门窗同样存在密封性差、易生锈老化、易变形、隔热性差等缺陷；铝合金窗冷热传导快、易变形，已经逐渐淡出人们的视线。建议在装修时选用断桥铝门窗搭配双层中空 Low－E 玻璃使用。

断桥铝合金窗

断桥铝合金窗名字的由来:
断桥铝这个名字中的"桥"是指材料学意义上的"冷热桥",而"断"字表示动作,也就是"把冷热桥打断","断桥铝"是将铝合金从中间断开,用隔热条将断开的铝合金连在一起,隔热条的导热性比金属差很多,这样热量就不容易通过金属传到窗户上来了,窗户的隔热性能也就大大地增强了。

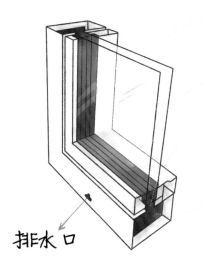

中空 Low-E 玻璃的使用,门窗的保温性 K=2.0

优良的隔声性,达到 30-35dB,有效地降低噪声的烦恼

德国泰诺 ,24mm 隔热条

多道密封及三元乙丙条的使用,有效地提高了门窗的气密及水密性能

排水口

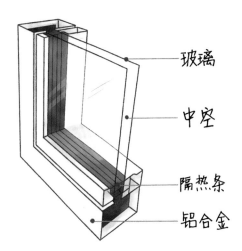

玻璃

中空

隔热条

铝合金

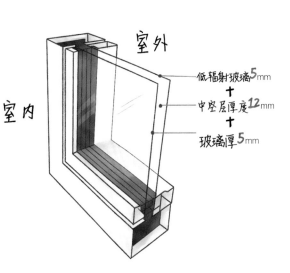

室外

室内

低辐射玻璃**5**mm
+
中空层厚度**12**mm
+
玻璃厚**5**mm

a　b

断桥铝窗的配置性能对比说明:

左图为断桥铝窗对比图,
如图白线区域所示,铝材中间的黑色"断桥"部分为
隔热条,隔热条隔热性能较好,是影响断桥铝窗总
体隔热性能的主要部分。
而铝材由于导热系数较高,其厚度对断桥铝窗总体
隔热性能影响较小,所以隔热性能 a＜b。

门窗的保温性分为10个等级

分级代号	1	2	3	4	5
指标值	K>5·0	5·0>K>4·0	4·0>K>3·5	3·5>K>3·0	3·0>K>2·5
分级代号	6	7	8	9	10
指标值	2·5>K>2·0	2·0>K>1·6	1·6>K>1·3	1·3>K>1·1	K<1·1

K代表的就是保温系数

保温系数K值愈小,代表保温性能越好

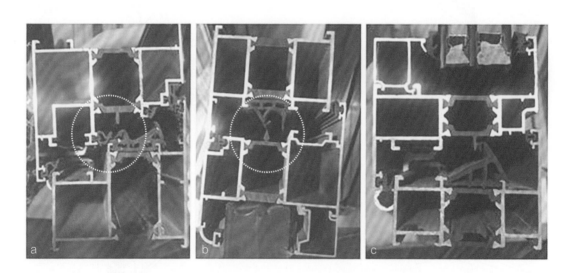

此图为断桥铝窗安装对比图,其中图 a、图 b 安装完成的断桥铝窗虚线所示区域均有隔热条没有搭接到位的地方,热
量容易从此处流失,不能达到本来应有的隔热效果,图 c 为规范的剖面示意图。

LOW-E 玻璃

什么是 Low-E 玻璃

Low-E 膜是在玻璃表面镀上多层金属或其他化合物组成的膜系产品，隔热、透光性能都很厉害。还能降低辐射。把这个膜覆在玻璃上，就叫做 Low-E 玻璃，又称"低辐射玻璃"。

中空 LOW-E 玻璃的优点

冬暖夏凉： 冬天能够减少室内热量的散失，而夏天能够阻挡阳光的直射，比起普通玻璃，Low-E 玻璃具有冬暖夏凉的作用。

光线柔和： Low-E 玻璃的镀膜层具有对可见光高透过及对中远红外线高反射的特性，其与普通玻璃及传统的建筑用镀膜玻璃相比，具有优异的隔热效果和良好的透光性。

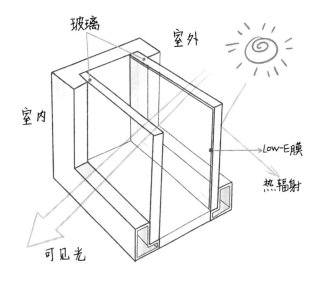

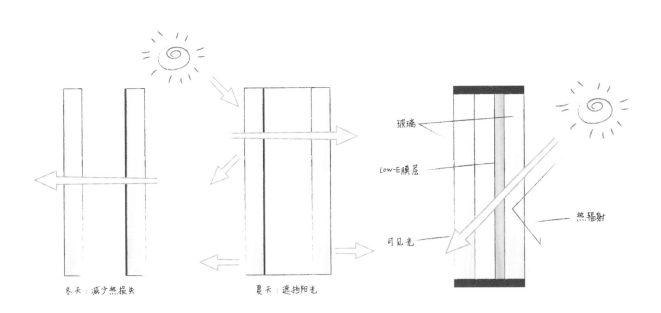

全屋地面辐射
供暖系统 { 解决痛点：暖气片占地

中央空调、暖气、地暖哪种更好？

空调暖风不舒服，暖气片太占地方。据我们的调查，地面辐射供暖是目前最舒服的供暖方式，室温由下而上符合空气流动原理，散热均匀合理。

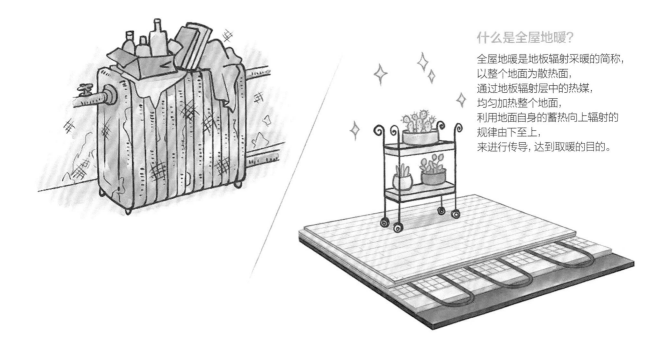

什么是全屋地暖？

全屋地暖是地板辐射采暖的简称，
以整个地面为散热面，
通过地板辐射层中的热媒，
均匀加热整个地面，
利用地面自身的蓄热向上辐射的
规律由下至上，
来进行传导，达到取暖的目的。

地暖的优点

1. 因为人体对温度的舒适要求是脚部在 21 ~ 23℃, 而头部的要求是 18 ~ 20℃, 这样才会身体温暖而头脑清醒, 地暖就很符合这一人体需求, 所以说它是最理想的采暖方式不是没有道理的, 脚暖头凉的环境, 符合人体散热要求, 长时间居住在这种环境下, 能改善血液循环, 促进新陈代谢, 有益人体健康。

2. 由于地暖是地面散热, 室内温度分布由下而上逐渐递减, 室内热环境温度均匀, 就避免了室内空气对流所导致的尘埃和挥发异味, 更加清洁卫生。

3. 采暖过程热量主要以辐射传热, 所以室内温度分布合理, 无效热损失少, 热媒低温输送, 输送过程热量损失少。

4. 老式的暖气片、管道, 还有对于它们进行装饰的材料都会占用一定空间, 有的还会影响室内装饰和家具布置, 而地暖将加热盘管埋设于地板中, 就不占用室内空间, 不影响室内美观, 更便于装修和家具布置。

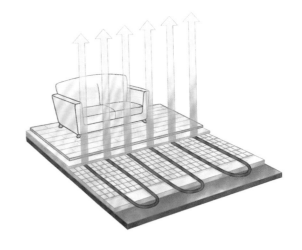

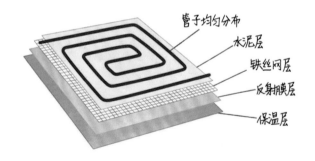

地暖结构组成说明图

面层（地面装饰层）： 建筑地面直接承受各种物理和化学作用的表面层。
找平层： 在垫层或楼板面上进行抹平找坡的构造层。
隔离层（防水层）： 防止建筑地面上各种液体或地下水、潮气透过地面的构造层。
填充层（保护层）： 在绝热层或楼板基面上设置加热管用的构造层。
绝热层（保温层）： 用以阻挡热量传递，减少无效热耗的构造层。
防潮层： 防止建筑地基或楼层地面下潮气透过地面的构造层。
楼板（土壤层）： 原建筑结构。

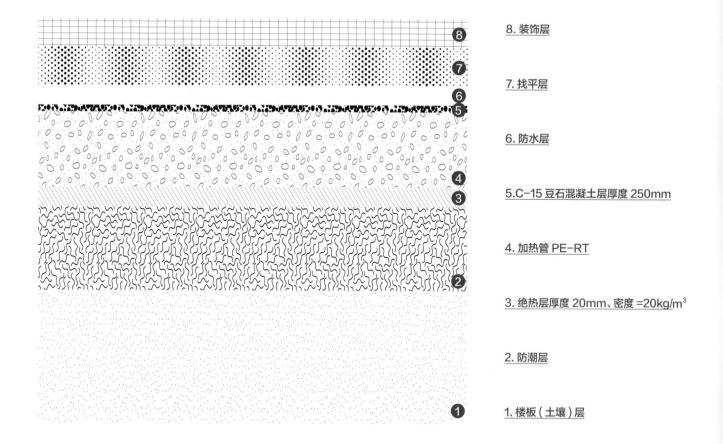

8. 装饰层

7. 找平层

6. 防水层

5. C-15 豆石混凝土层厚度 250mm

4. 加热管 PE-RT

3. 绝热层厚度 20mm、密度 =20kg/m³

2. 防潮层

1. 楼板（土壤）层

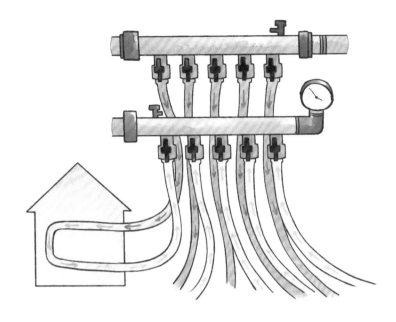

集中供暖的
二手房改造地暖，
如何安装？

集中供暖
一般分为单管串联及
双管串联 2 种方式。

要和物业部门确认好
是否能够安装地暖。

集中供暖改造成地暖前，
要注意：

1. 如果集体供暖改造导致供热循环不畅影响其他邻居的
供热效果，需与邻居和物业提前做好沟通并协商解决。
2. 建议把"分集水器"的位置安装在厨房暖气的供水管
路上，避免影响到邻居家卧室和起居室的采暖需求。
3. 在改造地暖前期应将不需要的散热器拆除及管道接
驳或封堵。

卫生间
双卫
改造系统 { <small>解决痛点：
卫生间不够用</small>

卫生间不够用怎么办?

通常建筑面积小于等于 60m² 的住宅，配置的卫生间只有一个，且面积大都在 3~6m² 之间，绝大多数家庭的马桶、洗手台、洗衣机、淋浴房都挤在一间屋子里。

双卫改造

双卫改造，就是为解决老旧小区、中小户型和单一卫生间易产生家庭矛盾的问题而生。使用**同层排水技术**可以提供局部空间的改造，单卫变双卫的方案，完美地解决了因卫生间而产生的矛盾。

如果在有条件的情况下，我们建议做双卫生间改造，实现这一改造的途径是使用同层排水技术。

双卫改造的施工方式:

为了双卫改造能简单点,建议使用的是同层排水的方式,排水支管不穿越楼板,隐藏在柜体里沿墙而走,在同一楼层内与立管相连,不受坑距的限制,可在原卫生间内实现自由合理布局;还避免了上下卫生间必须对齐和整体抬高地面的尴尬,使双卫改造更加简单。

同层排水是什么?

1. 无噪音干扰: 排水支管不穿越楼板,沿墙而走,在同一楼层内与立管相连。
2. 省一半空间: 砌一堵假墙将管道和水箱都隐藏在其中,连接到原有卫生间的给排水系统。
3. 无需打孔: 不用楼上楼下穿孔,不会给邻居带来麻烦。

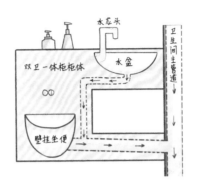

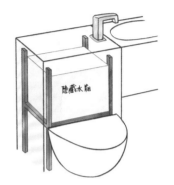

双卫改造排水系统优点:

1. 节水 : 同层排水以系统的方式在各个环节优化节水,使节水效果最大化。隐蔽式水箱的冲水水位最高,可以最大限度地利用势能冲水。因此同样水量的情况下,隐蔽式水箱的冲水效果最佳。
管道及配件在设计制造时均经过水力学优化,使水在管路系统中流动时阻力最小,因此只需要更少的水就能将污物冲走。
2. 人性化设计: 不受坑距的限制,可在原卫生间内实现自由合理布局;避免了上下卫生间必须对齐的尴尬,实现双卫改造。
3. 方便清洁,卫生间无死角: 采用同层排水技术,马桶上下水均嵌入墙体,节省空间,没有卫生死角。

全屋水电
改造
扩端系统 { 解决痛点:
安全用水电

水电改造的经典难题, 如何解决?

水电改造是装修隐蔽工程中非常重要的环节, 通过合理的设计可以有效改善原始建筑中管线老化的问题做到安全用水用电, 避免线路老化带来的失火、跑水以及线路裸露等问题。

什么是合理的设计水电点位?

随着大量家用电器的涌入, 用水用电的点位也在增加, 所以在装修过程中合理设计用水用电的点位是必需的选项。

水电扩端的好处:

1. 全面彻底改善家庭水电问题;
2. 详细的点位功能说明, 合理设计家庭用电;
3. 房屋各空间生活需求, 设计配置专属插座和备用插座两大类, 明白放心地改水电。

电路点位数量汇总表

户型	基础点位	扩端后点位
一室一厨一卫	35	44
二室一厨一卫	41	51
三室一厨一卫	47	58
四室一厨一卫	53	65
五室一厨一卫	59	72
三室一厨二卫	53	64
四室一厨二卫	59	71
五室一厨二卫	65	78

水路改造要注意什么？

1. 水路改完后第一条就是必须要做打压实验, 确保改造之后水管不漏水。

2. 明装水管管卡加密固定: 水管管卡间距不同所导致的水压振动产生的噪音, 采用明装水管管卡加密固定工艺, 管卡分布均匀, 减少因为水管抖动所造成的噪音。

3. 给水管安装套管: 套管与墙面之间做密封处理, 不留一丝缝隙, 防止串味; 大大减少来自水管所产生的噪音问题; 水管通过"外套"进行封胶处理, 所以安装及维修水管时, 只需从"外套"中抽出水管即可, 大大减少了维修和更换的难度。

电路改造要注意什么？

顶面开槽超过 1m 时必须走 "S" 弯
因为开线槽之后还需要敷线槽, 如果采用直弯, 那么敷线槽的时候水泥砂浆就会容易脱落, "S 弯" 能最大程度地减轻对原结构的破坏, 并保证品质的最大化。

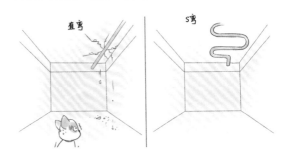

厨卫水电线路要走天花板

提示 1
厨卫水电线路要走天花板

因为卫生间易漏, 水路、电路走顶不走地, 后期易维修, 维护成本低。

冷热水管颜色区分

提示 2
冷热水管不混用, 或者全部使用热水管

1. 颜色区分: 冷热水管壁厚度和压力等级不同, 所以不能混用, 但是由于热水管强度和压力等级更高, 建议全部使用热水管。
2. 保持间距: 水管铺设, 左热右冷, 间距是 15cm。

提示 3
线路分明

不同用途的线缆要进行分色, 方便日后维修, 地线是必须连接的。

Part 4

装修知识 9 步走：
前人蹚过这些坑

"装修一套房，像是被扒了一层皮"，如果不了解
装修知识，您会觉得装修艰辛又折腾。这一部
分的装修干货都是采访一线设计师和工长而
来，让您能掌控装修质量和时间点，而且还能
防止上当受骗。

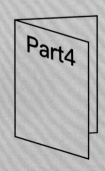

Part4

开始

前期准备

{

到底什么是前期准备?

装修准备工作指的是在收房后，装修之前所要做的相关工作，包括了解装修知识、做好装修预算等。准备工作越充分，装修时遇到的烦恼和意外就越少。

装修是个大工程，涉及的事项太多太复杂，很多人在开始装修时都一头雾水、手足无措。如果不想被"坑"得很惨，就只有做好足够的准备，才能妥善地面对装修过程中出现的各种问题。

实创装饰工长: 童志祥

从业 10 年, 资深工长

前期准备要做什么?

1 了解装修流程

2 制定装修预算

3 确定装修方式

4 逛逛材料市场

5 寻找装修公司

避开这些坑!

我到底应该选哪种装修方式

受访者
白小白

装修苦水

"特别想看着房子一天天在自己手下从无变到有,所以选择了清包,
结果累到半死,还耽误了很多上班的时间。"

就装修方式来说,清包、半包、全包各有各的优缺点。您可根据自己的时间、经济情况来选择。

	清包	半包	全包
操作方式	业主负责设计、购料,装修公司负责实际装修施工	业主选购主材,装修公司负责设计、辅料、施工	从设计到施工全部由装修公司负责
优点	自己掌握最大主动权	1. 主材可选范围更大 2. 辅材由施工队配给,省力	1. 省心省力 2. 由装修公司进行设计更专业
缺点	1. 没有全局设计,居住舒适度会受影响 2. 装修者工作量特别大	1. 需自己跑建材市场,费时费力 2. 施工方可钻空子的地方较多	1. 装修质量难以保证 2. 可选材料有限
适用人群	有宽裕时间,有一定装修经验	对主材有一定鉴别能力,且有一定时间	工作繁忙人群
注意事项	1. 装修前补充装修知识 2. 第一次只购买该种材料估算用量80%,以免浪费	1. 业主购买主材前要咨询施工方,以免型号不对 2. 业主要检验施工方买来的辅料,以免以次充好	1. 尽量找名气大的装修公司 2. 签订合同需要事无巨细

实创装饰工长
童志祥

工长提醒:
无论选择哪种装修方式,在签定装修合同时需明确装修保修期和
保修范围,付款时间,增、减项目款项的支付等。

要买的材料太多，给你个清单

受访者
王小花

装修苦水

"当初装修时没做好准备就一头扎进建材市场，材料总是买不齐，反反复复跑了好多趟市场，耽误了好多时间。"

第一大类
主材：装修中的成品材料、
饰面材料及部分功能材料

一、客厅卧室
1. 建材类：地砖、油漆、踢脚线、地板、涂料、石膏线、强化地板、细木工板、石膏板、杉木条、多层板、防火板、木线、门、脚线、铝塑扣板等；
2. 灯具类：主灯、射灯、立灯等；
3. 布艺五金类：窗帘、门锁、门吸、合页、启闭面板、电源插座、电视插座、空调插座、电话插座、电线等。

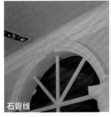

石膏线

合页

二、厨房
1. 建材类：地砖、墙砖、吊顶、橱柜等；
2. 灯具五金类：主灯、射灯、橱柜灯、水槽、水龙头、地漏、电源插座、炊具等；
3. 电器类：灶具、油烟机等。

橱柜

洗面盆　　热水器

三、卫浴
换气扇、浴霸、洗面盆、台面、镜面、花洒、面盆用龙头、排水管、热水器等。

第二大类
辅材：
装修中要用到的辅助材料

包括：
水泥、沙子、砖头、防水材料、水暖管件、电线、腻子、胶、地漏角阀软连接、保温隔音材料等。

龙骨

水暖管件

实创装饰工长
童志祥

工长提醒：
1. 购买家具、电器的时候，要看尺寸是否能通过家里的门。
2. 五金配件要保证质量，不要贪便宜购买质量不合格的产品。
3. 买材料一定要自己先计算一下大概的用量。

避开这些坑！

做好装修预算，心里才有数

受访者
大果粒

装修苦水

"装修 100 ㎡的房子，准备了 30 万元装修，为了住得舒适，花了 20 万元在软装上，只剩下 10 万元做硬装，主材辅料只能退而求其次了。"

做好预算，在装修时才不会盲目消费。装修预算包括硬装与软装两部分，一般来说：硬装与软装为 2:1 的比例，也就是说花在硬装上的预算是软装的两倍，这样才能保证装修品质过关。工薪阶层的大果粒打算装修一套 100 ㎡的房子，希望中等品质的装修，整体预算 30 万元，她可以这样安排预算：

硬装 20 万元
1. **主材费：** 12 万元
2. **人工及辅料费：** 7 万元
3. **设计费：** 100 元 /㎡=1 万元

tips：设计费一般在 80 元 /㎡ ~ 150 元 /㎡ 之间，但不是所有公司都收设计费，这部分费用酌情支出。

辅料费

设计费

软装 10 万元
1. **家具及家居饰品费：** 6 万元
2. **家电费：** 4 万元

家具、家居饰品费

家电费

实创装饰工长
童志祥

工长提醒：
1. 不同品牌、不同材质的饰材，价钱相差大，应在省钱的前提下，寻找性价比高的产品。
2. 房子是人住的，实用才是硬道理。

教你判断恶意增项

受访者
于萌萌

装修苦水

"装修公司承诺 8 万元给我装修后,结果装修结束,硬增了 6 万元的装修费,各种乱七八糟的费用看得我头晕。真是哭诉无门。"

装修中有增项很正常,但是如果说增项超过工程总额的 30%,就属于恶意增项了。所以,学会判断恶意增项很重要。

6 大类

1 恶意引导消费
对无问题的基础设施夸张成有问题。

2 设计方案没具体出图就要求签单
后期容易出现"此方案超出原预算,您需另加钱"的问题。

3 故意增加发生量
对水电等管线故意绕远。

4 预算故意漏项
预算中省去,施工中必然得加上来。

5 故意少算数量
对本可确定的数量少报,施工中再增。

6 降低材料品牌品质
预算中故意使用低品牌的材料做明细,施工中装修者想用高端材料就得增加费用。

实创装饰工长
童志祥

工长提醒: 如何防止呢?
1. 事先了解装修环节、使用材料、经常出现增项的环节。
2. 多对比其他人的装修合同,查看材料、施工、设计、管理等清单。
3. 选择在管理与服务上具有优势的品牌装修公司。

前期准备

主体拆改

水电改造

防水工程

木工工程

泥瓦工程

油漆工程

厨房工程

卫生间工程

避开这些坑!
装修报价单常见陷阱

受访者
宽宽

装修苦水

"以为报价单看个总数就行,没细看里面项目就签字了,没想到最后结算单上的价格由 8 万元变成了 15 万元!"

报价单 5 大陷阱:

1. 重复收费,一种项目以两种名称写在报价单中。
2. 故意漏项或增项。
3. 材料的品质、规格不写清楚。
4. 偷换计量单位。
5. 施工工艺含糊不清,遗漏必要工序。

装修报价单一般构成		
工程项目信息	装修公司和业主名称、联系方式等	
项目详细报价	序号 / 项目名称	可看出房屋有多少施工项目
	数量	施工面积、材料数量等
	单位	可知道计价方式
	材料单价与总价	最大支出项目,其准确性影响到总支出
	人工单价与总价	工人工资
	材料规格与工艺说明	需写明主材、辅材的品牌、型号
附注	其他约定,如主材由谁购买	
签字	需设计师、业主签字	

装修报价单示范表				
工程: 幸福村幸福小区		客户:宽宽		
项目名称	单位	数量	合计	说明
乳胶漆	m²	47	423	xx牌乳胶漆,刷3遍
厨房拉门	m²	7.5	2100	xx牌拉门,3年保修
吊顶	m²	17	2100	xx牌标准龙骨
……				

实创装饰工长
童志祥

工长提醒:
总的来说,拿到报价单,先看内容是否规范,再细看其中的每个项目,最后看看装修公司是否有不清楚的款项,这样一份材料报价单就不会有太大的偏差。

主体拆改

到底什么是主体拆改？

主体拆改是装修开始的第一步，主要包括拆墙、砌墙、铲墙皮、拆暖气、更换窗户等等。在这重要的第一步里，房屋框架建成，其他装修工程都在这一基础上施工。所以，主体拆改要做好规划再动工，否则后患无穷。

主体拆改 7 大原则

1. 承重墙不能拆。
2. 非承重墙不能随意拆改。
3. 屋内与阳台相连的矮墙不能拆。
4. 房间中的梁柱不能改。
5. 墙体内的钢筋不能破坏。
6. 门洞不可随意扩大，门上过梁不可拆除。
7. 水电改造之前，主体改造要完成。

主体拆改有 5 步

1 设计图纸

2 全室旧瓷砖、旧门窗拆除

3 墙体拆改

4 铲除旧墙皮、旧地板

5 清理垃圾

龙发工长：赵连璧
从业 10 年，资深工长

避开这些坑！

地板有坡度？因为地面没找平

受访者
胖圆

装修苦水

"家里装修铺了复合地板，装修结束才发现走在地板上时，感觉某一块地板有坡度。找了装修公司来看，说是地面不平整导致的，只能让工人返工，把这一块地板撤下来用水泥重新找平。"

什么是地面找平？

地面找平就是在原始地面上通过找平，让地面的平整度达到一定的标准，方便在上面铺地板。地板找平的方法有两种：

1. 水泥砂浆找平
优点： 适合各种地面；价格较低
缺点： 找平难度大、找平厚度厚

2. 自流平找平
优点： 自流平水泥自动找平，流程简单化，平整度高、施工周期短
缺点： 价格较高

水泥砂浆找平步骤：

 地面基层处理

根据找平控制线沿墙四周做灰饼

在地面刷水泥浆

铺水泥砂浆

表面哑光处理

完工养护，不少于 7 天

自流平找平步骤：

 基层表面处理

 涂刷两次界面剂

将搅拌好的自流平水泥倒在地

用滚筒压匀水泥，压平小块凹凸

完工养护，三天后可铺木地板

水泥砂浆找平

自流平找平

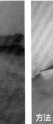
方法 1

方法 2

工长提醒：
地面找平如何验收？
方法 1：水泥砂浆基层表面应密实压光，不能有裂缝、脱皮、起沙等缺陷。
方法 2：用 2m 靠尺在同一位置交叉测量，靠尺下方出现大于 3mm 的空隙，就说明地面不平。

龙发工长
赵连璧

承重墙千万不能拆

受访者
壮壮

装修苦水

"我遇到了一个奇葩邻居。我发现厨房墙面和地面出现了裂缝，找遍原因才发现楼上邻居装修时，居然把厨房门旁边的部分墙体拆除了。我气得不得了，多次向邻居交涉，又闹上法院，他才把拆除的墙体重新垒上。"

房屋原有的结构尽量让它保持原样，特别是承重墙千万不能动。到底什么是承重墙呢？

1. 砌体结构

也叫"混砖结构"，常见于 90 年代之前六层以下的老楼。图中黑色方块为钢筋混凝土构造柱，不能破坏；浅色墙体为砌体剪力墙，也不能破坏。

■ 钢筋混凝土构造柱
▦ 无筋砌体剪力墙

砌体结构示意

2. 剪力墙结构

常见于高层住宅。图中黑色墙体为钢筋混凝土剪力墙，不能拆；淡色墙体为砌体填充墙，可适当改建。

■ 钢筋混凝土剪力墙
▦ 砌体填充墙

剪力墙结构示意

龙发工长
赵连璧

工长提醒：
有人以为非承重墙可以随意拆改，这是误解。连接阳台的非承重墙，这类墙对阳台起着一定的配重作用，最好不要拆；又如厨房、卫生间等这些位置的非承重墙，墙体可能会涉及水路管道、电路以及防水等问题，也不要随意拆除。

前期准备

主体拆改

水电改造

防水工程

木工工程

泥瓦工程

油漆工程

厨房工程

卫生间工程

避开这些坑!

砸掉飘窗见到钢筋，傻眼

受访者
陈大宝

装修苦水

"买的房子卧室很小，飘窗倒是很大，于是我就请师傅把飘窗砸了，想改成一个储物柜。没想到砸到一半就看到了水泥里包裹的钢筋。这可吓到我了，被物业知道后还给我送来了整改通知单。"

飘窗到底能不能砸？我们要分清飘窗的类型。

1. 可以砸

内飘窗的墙体一般是工程结束后垒砌而成的，这种飘窗是"假飘窗"。可以把垒砌部分敲掉，换成储物柜，增加空间利用率。

2. 不能砸

如果砸到了带钢筋水泥的飘窗，要及时用水泥砌好。

外飘窗，这种飘窗凸出外墙，底部凌空，砸掉了会影响局部墙体的稳定性。

龙发工长
赵连璧

工长提醒：

与其冒着风险砸飘窗，还不如这样改造它：

1. 原有的飘窗上铺木板向外延伸，就可当做书桌用。
2. 飘窗可以铺一层木板，这样就不愁没有看书晒太阳的地方啦。
3. 在飘窗上做一层收纳柜，方便储物。

内飘窗的墙体

储物柜

带钢筋水泥的内飘窗

外飘窗

1

2

避开这些坑！

连成品保护都做不好，还谈什么装修

受访者
兰琪

装修苦水

"装修完验收时发现地板上有一块明显的凹陷，猜想可能是装修过程中这块地板被材料砸到了。这事儿是无法追责了，只能用家具把破损处遮住。"

很多业主都没有装修的经验，一些施工队为了节省成本，通常都不会做保护措施，这会对房子产生很大破坏。

没有做保护的施工场地

1. 入户门
各种装修物料进场常与入户门发生磕碰，可以使用成品保护膜将门包裹。

2. 插座线头
当水电改造完成后，对裸露的线头、开关插座要进行包裹，防止发生触电的危险。

门保护

插座保护

3. 瓷砖地板
地面瓷砖铺贴完后，使用成品保护膜覆盖砖面，防止沙子磨伤地面，或油漆滴落砖面。

瓷砖保护

4. 卫浴间
卫浴间较早安装，为防止粉尘，可用稍微硬点的纸板或是木板覆盖。

5. 电器
老房改造中，敲敲打打很难避免，一定要将不拆卸的空调等电器包裹起来。

地面保护

龙发工长
赵连璧

工长提醒：
除了以上列举之外，水表、燃气表、电箱、下水口、窗户也要做好成品保护措施。此外，不只室内，公共空间的电梯和走道也要做好保护措施，尽可能不对邻居造成干扰。

水电
改造

到底什么是水电改造？

做完主体改造，水电就要进场了，它包括换冷热水管、配置电线回路、整理配电箱等。因为水电改造是装修中的隐蔽工程，如果没有装修好，将会给业主的生活带来大麻烦，因此水电改造就显得尤为重要。

水电改造 5 大原则

1. 提前想好与水电有关的所有家用电器及安装位置。
2. 电的改动要点对点就近引线，方便以后维修。
3. 走顶不走地，走墙避免大面积横向开槽。
4. 电线要正规产品，线管、暗盒要阻燃的。
5. 收房应该注意检查厨房、卫生间排水口是否通畅。

业之峰资深设计师
张海滨

水电改造有 6 步

① 进行水电走向和点位的设计

② 墙面或地面开槽

③ 埋入管线和暗盒

④ 检测电路，对水路进行试压

⑤ 用水泥沙灰抹平线槽

⑥ 安装电路面板

避开这些坑！
冷热水管靠太近，天天洗凉水澡

受访者
胖柿子

装修苦水

"经过三个月累到快吐血的装修后终于搬进了新家，用热水器洗澡时却发现热水出得很慢，而且凉得快，找了维修工来看，找了半天原因，原来是装修时冷热水管贴太近造成的。这可让人傻眼了。"

水管有冷水管和热水管之分，如果紧贴或是同槽，在使用热水时，当热水从管道中流过时，冷水管里的冷水就会给热水降温，造成资源浪费。

4 种方法可以避免：

1. 冷热水管遵循左侧热水右侧冷水、上热下冷的原则。
2. 两种管子分别开槽，并保持 10cm 以上的平行距离。

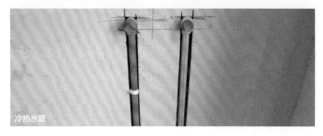

冷热水管

业之峰设计师
张海滨

设计师提醒：冷热水管如何区分？

冷水管：使用 PP-B 材料，管壁较薄，颜色为白色或有白线标志。
热水管：使用 PP-R 材料，管壁厚，颜色为红色或有红线标志。

3. 如同槽铺设，需在热水管外加上保温棉做保温处理。
4. 管卡固定水管，冷水管卡间距不大于 60cm，热水管卡间距不大于 30cm。

保温棉

管卡固定

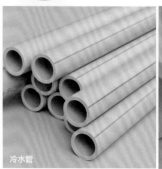

冷水管

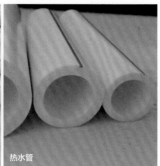

热水管

避开这些坑!
要想不砸地，水管可往顶上走

受访者
丁小宁

装修苦水

"卫生间的水流到楼下，楼下邻居上门向我讨说法了，我才知道卫生间漏水了。我家卫生间水管走的是地下，把地面砸了才知道漏水点在哪儿，如果当初装修时让水管走顶，就没那么多麻烦事儿了。"

业之峰设计师
张海滨

水管到底是走顶还是走地，这在装修过程中真是让人纠结的问题。我们来比较一下。

水管走地

优点:
1. 地面开槽后的地面能稳固 PP-R 管。
2. 水管线路较短，节省材料。

缺点:
1. 需撬开地板、砸开地砖寻找漏水点。
2. 可能漏到楼下才发现漏水，引发邻里纠纷。

水管走顶

优点:
1. 管线接头在吊顶里，方便查找漏水点。
2. 避免横向开槽，不会破坏墙体的抗震性能。

缺点:
1.PP-R 管子在空气中比在地下寿命短。
2. 需浪费 1/3 的水管材料，费用增加。

设计师提醒:
1. 水管走顶都要横平竖直，不要走斜线。
2. 顶面管线用管卡固定，否则时间久了，管子会因为重力和水流震动的原因变形。

水管走地

水管走顶

要想不漏水，打压试验很重要

受访者
李聪

装修苦水

"搬进新家才两个月，埋在卫生间墙里的水管就漏水了，经检查后发现是装修时水管接头没接好，只好把墙面砸了重新装水管。特别后悔当初因为赶进度，验收时连水管打压都没做。"

一些施工队见业主不上心，就不使用打压泵，只用肉眼观察水管渗漏情况，导致墙封好了才发现水管不合格。因此，验收时打压试验一定要做！

工具

包括千斤顶、压力表、水箱和连接软管，其中所使用的压力器是专门用于水电改造测试水管内的压力强度的。

步骤

1. 把水管用软管连接在一起，形成闭环。

2. 把压力器任意接在一个出水口上。

3. 用打压机将水管内气压打到6~8个大气压（0.6~0.8MPa），不小于1小时。

4. 观察压力下降幅度不大于1个大气压，所有接头、阀门无漏水现象即可。

5. 减压2~3小时后，封管。

业之峰设计师
张海滨

设计师提醒：

1. 水管的打压试验要在水管安装好后的24小时才能进行，以保证水管测压的安全及准确性。

2. 测压前要先封堵所有的堵头，关闭进水总管的阀门。

水管的打压试验

避开这些坑！

照着清单布置插座，拒绝插线板满屋飞

受访者
朵朵妈

装修苦水

"插座到用时方恨少，搬进新家才知道插座不够用。想在床上看手机顺便充个电，发现插座有点远；想边吹头发边照照镜子，发现梳妆镜前没有插座。只能牵了几个插线板，家里的线不仅乱糟糟，还怕小孩跑来跑去绊倒或是触碰到。"

在装修前，我们就应该结合实际生活考虑到底需要多少插座，我们以一个 90m² 的两居室为例来算算。

家庭插座最基本需求清单			
房间名称	用途	数量	注意事项
玄关	预留	1个	预留插座可用于智能鞋柜、烘干机等设备
客厅	电视柜背后，用于电视、智能盒子等；空调；沙发两侧，用于台灯、手机充电、空气净化器；预留	7个	考虑沙发的长度，不要让沙发挡住插座
餐厅	电冰箱、餐桌边；预留	3个	对于冰箱等大功率电器，要使用独立插座
厨房	抽油烟机、微波炉、电饭煲、洗碗机；预留	6个	近灶台上方处不得安装插座
卫生间	洗衣机、热水器、吹风机等	5个	尽可能远离用水区域
主卧	床头两边，台灯、手机充电用；电视、空调；预留	5个	需考虑床的宽度和位置，避免床头离插座太远或挡住插座
次卧 / 书房	空调、书桌边、床边两侧	5个	不想每天在工作或学习时弯腰插拔插座，可将插座安装在书桌上
阳台	预留	1个	尽可能避开阳光、雨水所及范围

业之峰设计师
张海滨

设计师提醒：
1. 三孔 16A 插座：可用于空调。
2. 五孔插座：可用于电视机、抽油烟机、冰箱、台灯。
3. 带开关五孔插座：可用于电饭煲、热水壶、微波炉。
4. 带防溅水盖五孔插座：可用于吹风机、智能马桶、电热水器、洗衣机。

三孔插座　　　五孔插座
带开关五孔插座　　　带防溅水盖五孔插座

电器回路不够，饭都做不好

受访者
王宇

装修苦水

"住进新家后，我在厨房做饭时发现烤箱和微波炉不能同时使用，一旦同时使用就会立刻跳闸。想要好好做顿饭，还要担心随时会断电，好烦！请了维修工来看才知道，这是因为我家的回路不够。"

什么是回路?

指电流通过器件或其他介质后流回电源的通路。一个回路承载的电量，就是所有插座同时使用电器用电量的总和，承载量超出负荷，电器自然就容易断电了。

我们举个例子，70m² 一室一厅，需要多少回路呢？

格局	回路数	注意事项
空调	1个	有几台空调就用几个专用回路
灯具	1个	灯具的回路最好与插座分开
卫生间插座	1个	卫生间湿气重，可装漏电专用回路
厨房插座	2~3个	若有大功率的烤箱，需要另配专用回路
阳台	1个	若有烘干机，也需配专用回路
客厅与卧室插座	2个	基本可用一个回路，若插座太多，就得增加回路
餐厅	1个	可用于电磁炉
总计	约10个	

业之峰设计师
张海滨

设计师提醒：
1. 家中应安装空气开关，选择有安全认证的"CCC"的产品，它能保护我们避免电线走火遭受更大的损失。
2. 高耗电量电器，如蒸烤炉、电热水壶、电磁炉等不要在同一回路。

防水 工程

到底什么是防水工程?

家居装修中防水是很重要的一道工序, 尤其是厨房卫生间以及阳台这些地方, 防水更是重中之重。为什么说它重要, 因为一旦漏水, 墙体脱皮、发霉、鼓包, 家具、地板腐烂潮湿, 还会引发邻里纠纷。因此在装修过程中, 做一道让人无后顾之忧、能用上几十年的防水实在太重要了。

防水工程 5 大原则

1. 确保卫生间地面平整
2. 接缝处要涂刷到位
3. 墙面处理也很重要
4. 防水试验一定要做
5. 保持下水管道畅通

业之峰资深设计师
张海滨

防水工程有 6 步

1 地面及墙面找平处理

2 管根部、墙根部、地漏处加固处理

3 刷第一遍防水涂料

4 干透后刷第二遍防水材料

5 铺保护层

6 24 小时闭水试验

防水施工不规范，埋下隐形炸弹

受访者
陈姗姗

装修苦水

"发现卫生间墙面渗水，把主卧的整面墙都染上了霉斑。问了装修公司，人家说是地面瓷砖里的防水没做好，慢慢渗水到墙面，要处理就要把地砖打开重新弄。"

卫生间渗水有 3 个原因：
1. 做好防水层后，后道工序破坏了防水层；
2. 防水层厚度不够；
3. 为了赶工防水只刷了一层。

卫生间防水 6 个规范：
1. 基层表面应平整，不得有空鼓、开裂等缺陷；
2. 卫生间刷至少三遍防水；
3. 防水层应从地面延伸到墙面，高出地面 30cm。浴室墙面的防水层高度不得低于 180cm；
4. 防水水泥砂浆找平层与基础结合密实，无裂缝；
5. 涂膜防水层涂刷均匀，一般厚度不少于 1.5mm，不露底；
6. 蓄水试验要求蓄水高度最薄处不小于 2cm，蓄水时间不少于 24 小时。

浴室墙面的防水层

业之峰资深设计师
张海滨

设计师提醒：

1. 厨房防水
一般建议厨房地面及墙体做 30cm 高的防水，水槽旁边的墙体做 1.5m 的防水。

2. 阳台防水
阳台防水可以避免积水下渗引发邻里纠纷和维修麻烦。

厨房防水

阳台防水

避开这些坑！

警惕防水材料成为"隐形杀手"

受访者
愤怒的猪猪

装修苦水
"家里卫生间漏水了，找了装修工来修，做了防水后卫生间味道大的不得了，把卫生间门关上还是有股刺鼻味道。"

消费者一定要选择优质的防水涂料，以免隐蔽工程成为家居的隐形杀手。

1. 丙烯酸防水涂料
涂膜性能好，价格适中，无色无味，家庭装修防水材料的首选。

2. 聚氨酯类防水涂料
目前综合性能最好的防水涂料之一，价格也较贵，但注意市面上多杂牌，不太环保。

3. 聚合物水泥防水涂料
该类材料环保、干燥快，但需要严格按说明书指导配比液料和粉料，否则会降低材料性能。

聚合物水泥防水涂料

4. 灰浆类防水涂料
无毒无害，干燥快，该类材料属于刚性防水涂料，成膜后缺乏弹性，影响防水效果。

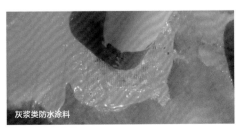
灰浆类防水涂料

业之峰资深设计师
张海滨

设计师提醒：
如何选择环保的防水涂料？
1. 看检测报告
尤其是质检报告上的 VOC（挥发性有机化合物）含量，VOC 含量越低环保性越好。
2. 看包装
品牌产品的外包装字迹清晰，按规范标注产品名称、净重、产地，合格证等要求。
3. 选择知名品牌

厨房不用做防水?你错了

受访者
欧阳

装修苦水

"装修公司说厨房没有必要做防水,我也就没做,入住半年后被楼下邻居找上门来,说是他家厨房顶部在渗水。"

卫生间必须做防水处理,但是,厨房、阳台等地方也需要做防水,如果有地下室,也是必须做防水的。

1. 厨房
特点:
厨房是用水比较多的区域,因此做防水也是有必要的。要选择抗潮性的防水涂料。
做法规范:
高度不低于30cm。

2. 阳台
特点:
会有积水,应选择耐水、延伸率大的防水涂料。
做法规范:
1. 高度不能低于30cm;
2. 有放置洗衣机的地方更高。

3. 地下室
特点:
容易潮湿,通风条件不佳,防水材料必须耐水,抗潮性好,抗水压能力强。
做法规范:
采用刚柔结合多道设防,刚性防水是地下室结构自防水和防水砂浆层防水,柔性防水是防水涂料防水层和防水卷材防水层。

阳台

厨房

地下室

木工
工程

{ **到底什么是木工工程?**

木工工程包括吊顶、木质隔墙、制作家具、制作门套、木地板等工序。它是家装中重要的一环,家装效果的好坏很大程度上取决于木工水平的高低。

木工工程 4 大原则

1. 木工材料验收必须严格。
2. 板材的存放地点不能有阳光照射。
3. 新做木工需防潮防腐。
4. 尽量少做家具,能买现成买现成的。

住范儿工长: 许涛
从业 20 年, 资深工长

木工工程有 6 步

1. 木工进场
2. 搭建木作施工台
3. 架设吊顶龙骨
4. 制作背景墙、门窗、门窗套等
5. 制作家具
6. 验收

避开这些坑!

纠结，地板到底应该如何选

受访者
熊猫大大

装修苦水

"木地板是最为让人纠结的环节之一了，市面上品种太多，让人眼花缭乱，真不知道该怎么选了。"

地板有三大类型，它们各有优缺点，您可根据自己的实际情况选择地板。

类型	制作工艺	优点	缺点	参考价格（元/㎡）
实木地板	实木直接加工而成	环保度高，舒适感好	容易变形，价格昂贵，需要定期保养	400~ 不设上限
实木复合地板	木头和胶水压在一起，表面附上一层实木皮	有脚感和观感，能抵抗不规则变形，正在成为家装主流	会产生甲醛，环保度略差	180~480
强化复合地板	木屑和胶水加工而成，覆上装饰纸制成	耐磨，便宜，容易打理	用胶水量较多，不环保，地板较硬，脚感差	50~150

实木地板

实木复合地板

强化复合地板

住范儿工长
许涛

工长提醒：
购买地板最重要的两个因素：
1. 甲醛释放量：选择木地板要看环保指标检测报告；最好选择"UV漆"等耐磨油漆。
2. 转数：即耐磨系数，家庭木地板转数在6000~9000之间适宜。

避开这些坑！
鉴定实木地板是个技术活儿

受访者
小红红

装修苦水

"因为觉得实木地板脚感好，而且环保，所以家里装修的时候就装的实木地板，但没过多久就坏了，还被懂行的朋友看出此实木并非真实木，而只是印花地板。"

什么是印花地板？

一种是将有缺陷的实木做基材，厂家将美观的纹理图案印在实木上。另一种是人造板材，制作出天然木材纹理的效果，一些不法商家便以次充好。

印花地板

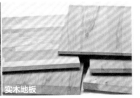

实木地板

如何辨别

	印花地板	实木地板
辨纹理	多数是一整块无清晰纹理的人造木板	由整块天然木材制成，从纵切面可以看出木材的年轮纹理
找色差	纹理是人工制成，不同地板的表面纹理接近，基本无色差、无杂纹	纹理颜色自然，每片地板的纹理都有差别
看报告	很少有检测报告	有正规部门盖章的检测报告，并标明地板的耐磨系数

住范儿工长
许涛

工长提醒：
常用的实木地板有水曲柳、番龙眼、花梨木等。

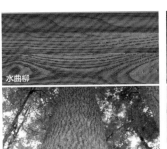

水曲柳

番龙眼

花梨木

入住一个月，吊顶变"掉顶"

受访者
小白兔

装修苦水

"入住才一个多月，我家客厅天花板上的木质吊顶突然直接脱落下来，砸中了客厅的电视和茶几。虽说装修公司承诺帮我重新做，可我还是很后怕，砸到人怎么办啊。"

什么是吊顶龙骨？

吊顶龙骨是用轻钢或木条做成的，这是用于天花吊顶的主材料。吊顶四周都要用龙骨来固定，如果不固定，吊顶就会出问题。

吊顶龙骨　　　　　　　装有吊顶的住宅

步骤

1. 确定吊顶在墙顶的宽度

做好主龙骨时，要用定位仪调平。主龙骨若不平，板子就会装不平。

2. 木龙骨处理

要买干燥过的木龙架，不然易变形生虫。而且，木龙骨一定要做防火防潮处理。

3. 安装吊杆

将主次龙骨固定在混凝土楼板时，一般吊杆的固定点间距为900～1000mm通常吊顶会移位或者掉下来就是因为吊杆数量不足。

4. 安装主龙骨

主龙骨吊点间距以确保主龙骨不发生下坠为好，主龙骨中间部分起拱高度为房间短向跨度的1/200。

5. 安装次龙骨

次龙骨依规定间隔不能超过60cm，30cm一支为佳，有些师傅偷工就会少做几支。

6. 管道及灯具固定

重型灯具或吊扇不得与吊顶龙骨连接，应在基层顶板上另设吊钩。大型吊灯及吊扇应提前预埋挂件。

7. 吊顶罩面板的安装

石膏板封板时要留缝处理，留缝3～4mm为宜，使用专用防锈螺钉固定。

安装主龙骨

住范儿工长
许涛

工长提醒：

厨卫应选用防潮吊顶安装材料，一般多用铝合金扣板或者防潮石膏板。

避开这些坑！

柜子是"打"好，还是"买"好

受访者
瑞瑞

装修苦水

"装修时对于柜子是让木工打，还是买成品好，纠结了好久，最后还是觉得让木工打了，结果用起来不实用，尤其是合页这样的磨损件特别爱坏。"

鞋柜、衣柜、吊柜是让木工现场打还是买成品，各有各的优缺点，我们来比较一下。

	木工柜	定制柜	成品柜
制作方式	自己或木工买材料，木工制作	设计师上门测量，专门定制，厂家单独生产	到家具市场买的柜子
优点	1. 可根据房间调整尺寸、样式 2. 自己打造，容易控制成本 3. 自己选材，用着放心	1. 专业设计，能匹配空间 2. 所用板材一般为正规厂家，有质量保证 3. 根据业主需求设计，产品实用性强	1. 能够看到实际产品 2. 做出时间长，有害气体一般都已挥发 3. 批量生产，价格没有定制衣柜高
缺点	1. 受加工工具限制，工艺相对粗糙 2. 采用普通五金配件，质量不高 3. 师傅水平参差不齐	1. 需要设计师全程参与，价格较贵 2. 生产周期长，一般需1～2个月	1. 没有实际测量，不可能适合每一个家庭使用 2. 可能有浪费的实际空间，实用性有限

住范儿工长
许涛

工长提醒：
1. 如果在卫生间做木质浴室柜，要做好防水防潮，避免板材腐烂。
2. 木工打柜五金配件的品质非常关键，应选择质量好的。

卫生间木质浴缸柜

五金配件

木工柜

定制柜

成品柜

避开这些坑！
如何判断板材是否环保

受访者
momo

装修苦水

"请木工师傅打家具，买板材的时候商家宣称'使用环保板材'，家具打好后味道刺鼻，简直不能忍受，通风好长时间还是能闻到板材的味道。"

板材是否环保有两个方法判断。

一、看等级

目前市场上板材的环保等级标准是 E 级标准，可要求商家出示环保等级检测证书。

中国 E 级认证			
等级	E2	E1	E0
甲醛释放浓度	≤ 5mg/L 不环保	≤ 1.5mg/L 环保标准线	≤ 0.5mg/L 非常环保

二、看用胶量

板材是否环保，关键看胶黏剂，胶黏剂中含有大量的甲醛和苯，是有毒物质来源。不同板材按生产时使用的用胶量，可以初步判断该类板材的环保性能。

板材	用胶量	危害度
纤维板	板材重量的 35%	极高
刨花板	板材重量的 33%	高
胶合板	每层 0.6kg	中
细木工板	每层 0.6kg	较低
指接板	/	低

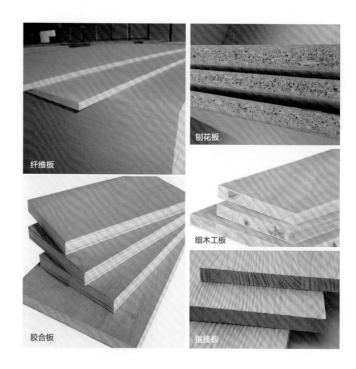

纤维板

刨花板

细木工板

胶合板

指接板

泥瓦工程

到底什么是泥瓦工程?

顾名思义, 泥瓦工程就是与水泥有关的装修工程, 包括清理墙面、墙地砖铺设、瓷砖勾缝等内容。可以说, 家里美不美, 泥瓦工程占据了非常重要的作用。

泥瓦工程 6 大原则

1. 水泥超出厂日期 3 个月禁止使用。
2. 铺砖前检查瓷砖是否有裂缝、破损。
3. 铺砖湿铺法: 沙子、水泥、水配比为 5:2:1。
4. 铺砖前检查墙地面是否平整, 误差太多需找平处理。
5. 墙地砖如需勾缝, 需在 72 小时后进行, 冬季需 5 ~ 7 天。
6. 地砖铺贴完成 48 小时后上人, 夏秋季需浇水保养 48 小时。

龙发工长: 吴曙峰
从业 18 年, 资深工长

泥瓦工程有 6 步

1 预制过梁, 加固墙体

2 瓷砖浸泡水中, 使粘贴更易

3 砂浆层找平

4 墙面拉毛处理

5 铺贴瓷砖

6 清洗瓷砖

避开这些坑！
我该铺地板还是瓷砖

受访者
澎虎

装修苦水
"装修家里，铺木地板还是铺瓷砖，我纠结了好长时间。地板怕不环保，瓷砖又太硬，真是让人伤脑筋。"

	地板	瓷砖
舒适度	材质松软，保温性具有优势	质地较为生硬，保温性能则相对差一些
款式花样	颜色与样式较为单调	花色多，设计空间大
使用寿命	易受天气及湿度影响，易变形起翘	使用寿命长，一般可用 10 ~ 20 年
环保问题	使用胶黏剂，会散发甲醛	瓷砖本身含有放射性物质
适用空间	客厅、卧室	客厅、厨房、卫生间
适用人群	不易打滑，适合有老人与小孩的家庭	想要做个性化铺贴的人群

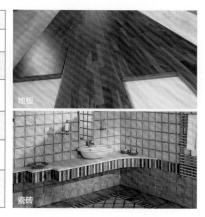

地板

瓷砖

龙发工长
吴曙峰

工长提醒：
家里有地暖，铺木地板还是瓷砖？
装饰材料的导热系数：天然石材 > 瓷砖 > 实木复合地板 >
强化木地板 > 实木地板 > 化纤地毯 > 纯毛地毯，
因此，家里有地暖，铺瓷砖优于铺木地板。

避开这些坑!

不同空间适用不同瓷砖，不要选错

受访者
佳佳

装修苦水

"装修铺装完瓷砖才知道种类没选对,卫生间装了抛光砖,好看是好看,但地面一旦沾了水,好几次差点摔倒。从此在家走路只能小心翼翼。"

瓷砖种类及适用空间:

1. 釉面砖: 适用厨卫、阳台

优点: 色彩和图案丰富,防污能力强。

缺点: 耐磨性不够好。

釉面砖是砖的表面经过施釉高温高压烧制处理的瓷砖

2. 通体砖: 适用过道、卫生间

优点: 防滑性和耐磨性好。

缺点: 油污、灰尘等容易渗入,表面易发黑、发黄。

通体砖是将岩石碎屑经过高压压制而成的瓷砖

3. 抛光砖: 适用客厅、阳台、卧室

优点: 硬度高,非常耐磨。

缺点: 易脏,防滑性能较差。

抛光砖是经过打磨抛光后而成的砖

4. 玻化砖: 适用客厅、卧室

优点: 易擦洗,更耐磨。

缺点: 灰尘、油污容易渗入。

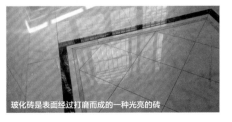

玻化砖是表面经过打磨而成的一种光亮的砖

5. 马赛克: 适用厨卫、阳台

优点: 色彩丰富,抗压力强。

缺点: 耐酸性差,缝隙多难清洗。

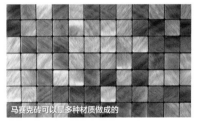

马赛克砖可以是多种材质做成的

龙发工长
吴曙峰

工长提醒:

判断瓷砖质量小技巧:

1.在瓷砖背面滴水,渗得越慢,说明其质地越密,内在品质越好。渗得快,说明质地疏松。

2.看侧面垂直度及分量、釉度、表面光滑度,有无瑕疵。

185

瓷砖拼贴，三招教你不浪费

受访者
小脑斧

装修苦水

"装修小白一个,想用瓷砖把家里装修得很漂亮,买了一堆瓷砖回来,装修结束,发现瓷砖买得太多,
足足多出来 30 多片,退又退不掉。"

节省瓷砖的三个方法:

1. 买瓷砖前先计算需要买多少片

总片数 = 瓷砖铺贴面积 ÷ 单片瓷砖面积

例: 一个 20m² 的卧室, 在地上铺贴 300mm×300mm 规格的瓷砖, 共需多少片呢?

总片数 =20m² ÷ (0.3m×0.3m)=222 片

另外, 一般情况下瓷砖损耗为 5%, 最终需要购买的总片数为 233 片。

2. 遵循 "大空间大规格, 小空间小规格" 的方法

①小于 40 ㎡的空间, 选择 600mm×600mm 以下规格。

②浴室和厨房, 选择 300mm×300mm 以下规格。

③大于 40 ㎡的空间, 选择 800mm×800mm 规格。

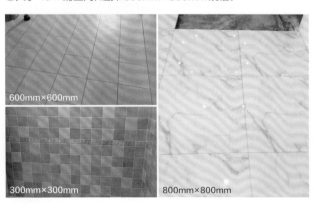

600mm×600mm

300mm×300mm

800mm×800mm

3. 选择拼贴方法也可以节省瓷砖

①横铺与竖铺

以墙边平行的方式进行铺贴, 砖缝对齐且不留缝, 损耗率较低, 为 5% 左右。

②菱形铺法

与墙边成 45 度角的方式排砖铺贴, 损耗率达到 15%。

③组合式铺法

不同尺寸、款式和颜色的瓷砖通过一定的组合方式进行铺贴, 损耗率 10% ~ 15%。

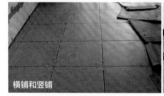

横铺和竖铺

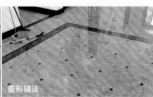

菱形铺法

龙发工长
吴曙峰

工长提醒:

买瓷砖还可以看边长。瓷砖边长的精确度越高, 铺贴后的效果越好, 买优质瓷砖不但容易施工, 而且能节约工时和辅料。用卷尺测量每片瓷砖的大小, 周边有无差异, 精确度高的为上品。

避开这些坑！

抹灰层没做好，墙面容易脱落

受访者
李依然

装修苦水

"入住新房不到半年时间，房屋天花板竟然开始脱落，墙壁也开始掉灰。鉴定机构做出的结论是，我家的房屋在装修时水泥砂浆抹灰层存在质量问题。"

墙面抹灰

墙面抹灰就是在墙面上抹水泥砂浆的工程，以改善毛坯墙面的状态，为后面的精细装修打下基础。

龙发工长
吴曙峰

工长提醒：
在对房屋进行内墙抹灰时，一定要做好成品保护。比如说，门窗护角做完以后，及时将门窗框上的水泥浆用水洗刷干净；不能在地面拌灰，避免硬伤，保护地面完好；保护好墙面的预埋件，管线槽、盒、电气设备所预留的孔洞不要抹。

由于施工不当等原因，墙壁水泥砂浆抹灰容易出现四类问题：

1. 脱层
原因： 底层灰层过干。
防治方法： 清水湿润，待底层湿润透后再抹面层。

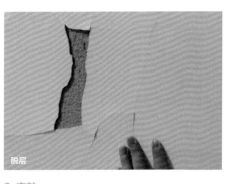

脱层

2. 空鼓
原因： 基层处理不干净有凹处或一次抹灰太厚等。
防治方法： 抹灰前应将基层清扫干净，并提前 2~3 天开始向墙面浇水。

3. 裂缝
原因： 抹灰层过厚。
防治方法： 施工中应先填底层，或在底灰抹好后喷防裂剂进行处理。

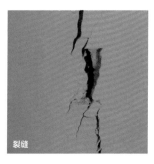

裂缝

4. 掉灰
原因： 材料质量不好，有杂质或泥土。
防治方法： 施工前应检查材料质量，沙子要经筛选后方能使用。

勾缝剂用不好，瓷砖缝易变黑

受访者
东城小刚

装修苦水

"装修时工人给家里瓷砖的勾缝剂用白色的，入住没多久，发现瓷砖缝慢慢由白变黄，由黄变黑，很不美观，而且显得我家脏脏的。"

瓷砖勾缝有 4 种方式：

1. 白水泥

有普通白水泥与装饰性白水泥，价格低廉，但砖缝易发黄变脏。

2. 腻子粉

腻子粉主要成分是滑石粉和胶水，耐水性能较差，容易发黑、发霉。

白水泥

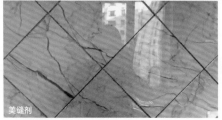

美缝剂

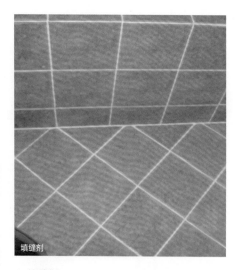

填缝剂

3. 填缝剂

填缝剂在家庭装修中使用的越来越多，具有耐磨性高、吸水率低、颜色多样的特点。

4. 美缝剂

美缝剂是填缝剂的升级版，装饰效果好，具有抗渗透防水的特性。不满足于白色勾缝的朋友可选择填缝剂与美缝剂搭配彩色瓷砖使用，有黑珍珠、贵族灰、镏金色等颜色。

龙发工长
吴曙峰

工长提醒：
瓷砖勾缝 4 大步骤：

1. 清除瓷砖缝隙灰尘与水泥。
2. 按一定比例与清水调制填缝剂。
3. 将填缝剂使用橡皮抹刀密实刮入缝中。
4. 填缝剂凝结后，用海绵清洗瓷砖表面。

填缝剂刮入缝中

油漆工程

到底什么是油漆工程？

到了这一步，就该给墙面与家具上色了。涂刷得好能使墙面、家具表面细腻均匀，呈现出美丽的装修效果。如果涂刷得不够细致，不仅会影响美观，日后还会容易出现开裂、变色等问题。

油漆工程 4 大原则

1. 油漆须选用环保优质漆品。
2. 将施工区域的成品或半成品保护好。
3. 同一房间的墙面应用相同材料，并且批号相同。
4. 墙面漆颜色有多种，可多做尝试。

万链设计专家：赵晓曦
万链资深设计师
15 年装修设计经验

乳胶漆工艺有 6 步

1 清扫基层
2 瓷刮腻子
3 涂刷底漆
4 涂刷涂料
5 复补腻子
6 磨光交活

木材油漆工艺有 6 步

1 清理木器表面
2 磨砂纸打光
3 刮腻子
4 涂刷油色
5 刷清漆
6 抛光打蜡

油漆不环保，房子都不敢住

受访者
朝阳区吴彦祖

装修苦水

"装修是请工人打的书柜，但入住后书房都不敢开，一开门就闻到书柜散发的油漆味道，味道几个月都散不掉，为了健康只好把书柜扔掉了。"

油漆虽然会让装修效果美观，但劣质油漆不仅容易起翘、发霉，其中含有的有害气体会直接危害到人们的身体健康，因此在选购油漆时会注重其环保性能。

油漆起翘

1. 看认证
优质： 有国标检验报告和相关证书，油漆外桶有 3C 质量认证。
劣质： 如果商家不能出示相应证书，说明油漆是假的。

2. 闻气味
优质： 水性无毒、气味温和，甚至没有味道。
劣质： 通常含有甲醛，因而有强烈的刺激性气味。

3. 看 VOC 指标
VOC 即挥发性有机化合物，包括苯、甲醛、丁酯、醚酯类等。
优质： VOC 含量小于 120g/L。

4. 看形状
优质： 刚打开时，优质油漆会有一层树脂浮在表面，搅拌后质感浓厚，色泽光亮。
劣质： 劣质油漆在滴落时会断断续续，而放置后仅会形成一层易碎的薄膜。

5. 看包装
优质： 正规厂家生产的产品包装有公司名称、生产日期、批号、净含量、保质期等信息。

正规油漆

万链设计专家
赵晓曦

设计师提醒：
在为孩子装修儿童房时，可以选择儿童漆，儿童漆会在铅含量、VOC、分解甲醛能力上比普通漆好一些。
选购儿童漆，铅含量是重点考量要素，目前商场已存在无铅儿童漆和铅含量非常少的儿童漆（5mg/kg 左右）。

避开这些坑！

没有刷底漆，墙体易发霉

受访者
维维

装修苦水

"油漆工刷完墙后，我去看了一眼，一摸墙面，墙面那个粗糙啊。问了才知道，油漆工没有刷底漆。只能让工人铲了油漆重做。"

什么是底漆？
底漆是指直接涂到物体表面，用来作为面漆基础的一种涂料。
它用于提高面漆的附着力，而且能防潮防霉，所以是有必要刷的。

石膏找平

6个步骤：
乳胶漆涂刷有6个步骤，涂刷要一步一步走。

1. 底层处理
检查需涂刷表面有否风化、剥落。
2. 石膏找平
墙面不平的地方要用粉刷石膏找平，墙面误差不超过3mm。
3. 刮腻子
一般刮三遍，干后用砂纸打磨平整。
4. 刷底漆
6小时干透后再刷面漆。
5. 刷乳胶漆
刷三遍，有刷涂、滚涂、喷涂三种方式。
6. 养护
7~10天之内不要擦洗或接触墙面，使漆膜达到一定硬度。

刮腻子

刷乳胶漆

万链设计专家
赵晓曦

设计师提醒：刷漆如何验收
1. 涂刷均匀，无漏涂。
2. 表面无鼓泡，脱皮。
3. 用手摸，手感细腻平滑。

避开这些坑！
墙面刷漆，不止有白色

受访者
青青扬

装修苦水
"每个房间都刷成了白色，入住不久就后悔了，整个家显得特别单调乏味，看着邻居家好看的色调，真想重新刷墙。"

一些业主装修时为了保险只敢刷白色，其实只要做对搭配法则，家中是可以有多种颜色的。

1. 客厅
需涂视觉效果开阔的颜色。
如：白色、淡灰色、暖黄色。

客厅

3. 卧室
需涂视觉效果开阔的颜色。
如：白色、淡灰色、暖黄色。

卧室

2. 餐厅
应选暖色调，促进好胃口。
如：黄色、橙色。

餐厅

4. 书房
应透露出主人的知性，色调以典雅为主。
如：米白、浅灰、褐色。

书房

万链设计专家
赵晓曦

设计师提醒：如何挑选颜色？
1. 色卡的颜色与实际涂刷效果并非完全一致，大面积涂刷要比小色卡深。因此挑色时要挑浅一点的颜色。
2. 喜欢哪一种颜色就要从这个色卡的部分去找，否则，看起来接近的颜色，刷到墙上可能会感觉大相径庭。

厨房工程

到底什么是厨房工程？

厨房和卫生间是住宅中两个特殊的地方，面积都不大，小的2~3m²，大的也不过5~6m²，但是这两个空间因其功能需要频繁使用，在家居中占据了非常重要的地位，直接关系到居家的舒适程度。在本章中，我们来谈谈厨房工程。

厨房工程 6 大原则

1. 厨房要做防水，地面防水往墙面延伸 30cm。
2. 台面高度要做人性化高度设计。
3. 在厨房烟道位置的止逆阀不要去掉。
4. 厨房瓷砖不要买哑光的，否则油腻很难擦。
5. 厨房灯要亮，最好在操作台上方再装个灯。
6. 厨房安全，装修材料必须注意防火要求。

新洲装饰工长：崔文正

从业 10 年，资深工长

厨房工程有 7 步

1. 基层处理
2. 水电路改造
3. 涂刷防水
4. 瓷砖铺贴
5. 吊顶安装
6. 橱柜灶具安装
7. 厨房门安装

下厨累？可能是动线没设计好

受访者
柚子茶

装修苦水

"下厨时经常感到手忙脚乱，一个朋友来家里吃饭后对我说，你家厨房动线不合理，切好菜转身才能把食材下锅，能不感到手忙脚乱吗？"

简单说，厨房动线就是人在厨房中做饭的活动路线，好的厨房动线，应该让取食材、洗菜、切菜、烹饪在一条折返少、距离短的路线上。即储物区→水槽→切菜区→灶台，按顺序来设计。

一字型厨房

四个功能区放在同一平面，节省空间与精力。

一字型厨房

L 型厨房

4 个功能区分别安置在相互连接的 L 型空间中，注意不要将 L 型的一面设得过长，以免降低工作效率。

L 型厨房

U 型厨房

在 L 型的基础上增加一个台面，是大户型住宅常用到的厨房类型。

U 型厨房

新洲装饰工长
崔文正

工长提醒：
在规划厨房各区域时，也有动线可循。
1. 比如说规划烹饪区时，既需要炉灶两旁留出放置器皿的台面，也需垂直开辟空间将各种锅盆一一挂起。
2. 合理利用炉灶下方的抽屉，分层分类收纳调料瓶和锅盆器皿，可使拿取更高效。

垂直开辟空间把各种锅盆挂起

分层分类收纳

避开这些坑！

橱柜高度要按照人体高度买

受访者
小彤彤

装修苦水

"装修厨房时没有考虑到吊柜的高度，我一个 1.60m 的身高，吊柜做高了，每次拿东西都要垫着凳子拿，久而久之，吊柜就弃之不用了。"

厨房台面与吊柜到底需要设计成多高，与操作者身高有关。我们来看看标准。

1. 台面

厨房台面一般在 80~90cm 之间，台面如果过高，会使不上力，过低则会腰疼。

$$\frac{身高\ (cm)}{2} + 5 \sim 10(cm)$$

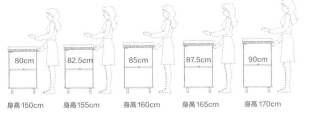

80cm	82.5cm	85cm	87.5cm	90cm
身高 150cm	身高 155cm	身高 160cm	身高 165cm	身高 170cm

2. 吊柜

吊柜也需要按照人的身高来设计，吊柜高，需要踮着脚才能取到东西；吊柜矮，又容易撞到头。可参考一个标准，伸手能触及到吊柜中部。

如：一名身高 160~170cm 的女性，吊柜设计成右图所示高度，她就能轻松取到吊柜里的物品了。

新洲装饰工长
崔文正

工长提醒：
烟机到灶具的距离也有讲究，离灶具太近，就可能碰头；烟机离灶具太远，吸力就会受影响。
顶吸式油烟机，灶具面板到烟机的距离为 60~65cm 最佳。
侧吸油烟机，烟机底部到灶具的距离为 35~40cm。

顶吸式油烟机　　侧吸油烟机

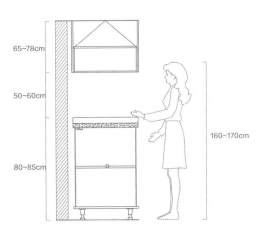

65~78cm

50~60cm

80~85cm

160~170cm

厨房油烟倒灌，该怎么办

**受访者
子未**

装修苦水

"厨房烟道没做好，只要楼里有人烧菜，楼层上下的油烟都会倒灌到我家的厨房里，真是苦不堪言，我现在连下厨的兴趣都没有了。"

厨房油烟发生倒灌，主要有 3 个原因:

1. 烟道内壁不光滑

烟道内壁不光滑，就会增大油烟上升过程中的摩擦阻力，出不去的油烟没地方走，就会哪里空往哪里钻。

2. 止回阀密封性不好

烟道止回阀的作用是将油烟机排出的气体送到公用烟道里，如果止回阀气密性不好，油烟就会透过止回阀的缝隙进入油烟机。

3. 烟道先天设计缺陷

烟道内有块隔板将油烟引导至主烟道，但由于隔板距离过长，反而阻碍了油烟的通过。

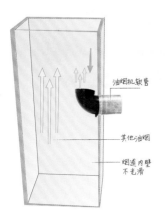

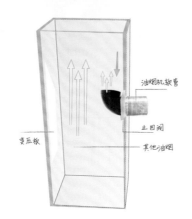

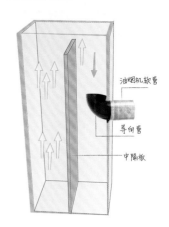

**新洲装饰工长
崔文正**

工长提醒:
整改油烟倒灌，主要有 3 个措施:
1. 把位于屋顶的烟道排烟口打开，检查有没有堵牢。
2. 加装灵活性和密封性好的不锈钢止回阀。
3. 对屋顶排烟口进行改造，更换或加装带有抽力的烟道风帽。

避开这些坑！

厨房装修，还有哪些坑

受访者
大糊涂

装修苦水

"厨房老是一股恶臭的味道，排除了油烟的原因，也排除了食材的原因，找了一遍又一遍，这才发现水槽安装出了问题，水槽下面没有装存水弯！"

厨房装修需要注意的细节很多，我们来看看还有哪些注意事项：

1. 厨房要装存水弯

存水弯是安装在水槽下方排水管的附件，它在其内形成一定高度的水柱，阻止排水管道内各种污染气体以及小虫进入室内。

4. 台面边可做挡水条

厨房台面可以装挡水条，可以防止水流到地面上。如果洗菜盆装的是台上盆，装挡水条更有必要。

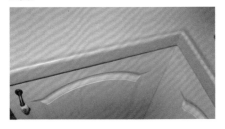

2. 垃圾桶不要放在橱柜里

在一些厨房里，垃圾桶放厨柜里，千万不要这样做，夏天很容易产生难闻的味道。由于橱柜空气流通不好，更容易滋生细菌。

5. 电源插座不能随意设置

千万不可将电源插座随意置于没经过防火处理的木质橱柜上，以免短路打火造成不测。

3. 洗菜盆要做台下的

台上盆用的时间长了，打的玻璃胶就会脱落，台上的脏水就会顺着盆缝流到橱柜内，时间一长厨柜就会变形。

6. 选用防火材料

厨房的顶面、墙面宜选用防火、抗热、易于清洗的材料，如釉面瓷砖墙面、铝板吊顶等。

卫生间工程

{ **到底什么是卫生间工程？**
卫生间是个特殊的空间，它集合盥洗、装扮、如厕三种功能，它既重要又最容易藏污纳垢，与我们的健康息息相关。家居质量如何，看看卫生间就知道了。

卫生间工程 6 大原则

1. 卫生间防水很重要，地面、墙面都要做。
2. 防水要保证 24 小时闭水试验合格。
3. 保证砖面有一个泄水坡度，坡度朝向地漏。
4. 地砖要防滑，家有老人孩子更要注意。
5. 顶部要做防潮，可采用防水性能较好的铝扣板。
6. 灯具和开关选择带安全防护。

住范儿工长：毛秀兵
资深工长，从业 25 年

卫生间工程有 5 步

1 水电改造

2 防水处理

3 贴瓷砖

4 卫生间吊顶

5 安装卫浴设备

避开这些坑！

地漏选得对
卫生间才不反味

受访者
咖啡姨

装修苦水

"我当时装修的时候，也没有研究过哪种地漏好，随便就买了一个，真是伤不起啊，不仅下水速度超级慢，而且下水道的臭味特别容易反上来。"

地漏反味是为何？

一款合格地漏水封高度为 50mm，如果只有 10~20mm，自然不会具有防臭的功效。

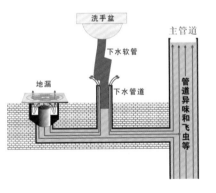

哪种地漏防臭效果好？

1. 水封地漏

通过 U 型双层孔与存水弯实现防臭功能。
优点：水封高度能达到 70~80mm，防臭效果好。
缺点：排水速度慢，易被杂物堵塞。
适用范围：淋浴、卫生间，不适用洗衣机排水。
防臭等级：★★★★

水封地漏

2. 自封地漏

原理：通过弹簧、磁铁、轴承等机械装置密封臭气。
优点：面板样式选择多，排水比较顺畅。
缺点：毛发容易缠绕在密封盖板上，不易清理；不能完全防臭，寿命短。
适用范围：不常用水的地方，如厨房、阳台、洗衣机。
防臭等级：★★

自封地漏

住范儿工长
毛秀兵

洗衣机下水专用地漏

工长提醒：
1. 不锈钢地漏易生锈，PVC 地漏易老化，建议选择全铜地漏。
2. 洗衣机下水道要用专用地漏，且不宜使用水封太深的，否则洗衣机水流太急容易倒溢。

台上盆容易脏，慎选

受访者
慕慕

装修苦水
"我家买的面盆是台上盆，不到半年盆和台面连接处的玻璃胶就发黑了，怎么擦也擦不掉，特别难打理。"

慕慕选的台上盆，盆与台面用玻璃胶粘结，容易脏。其实面盆有多种形式，可根据需求选择。

一、台式面盆：适用于空间大的卫生

1. 台上式面盆
优点：安装方便，如果台上盆损坏只需要把硅胶去除；造型多样，可选余地大。
缺点：清洁起来麻烦，而且由于比较高，不适合小朋友使用。

台上式面盆

2. 台下式面盆
优点：污水不易溅出；台面上可以摆放很多物品。
缺点：安装麻烦，如果台下盆坏了，只能连同台面一起更换。

二、挂式面盆：适用小面积卫生间

优点：把水管包入墙体中，易于打理。
缺点：使用入墙排水方式，排水速度较慢。

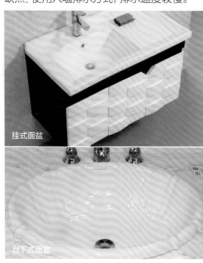

挂式面盆

台下式面盆

三、立柱式面盆：适用小面积卫生间

优点：面盆下空间开阔，易于清洁；安装、更换比较简单；整体价格较实惠。
缺点：不具备收纳性质；污水容易外溅于地面之上；样式相对比较单一。

立柱式面盆

住范儿工长
毛秀兵

工长提醒：
1. 面盆要在卫生间墙面处理前购买，以便预留好管道，为产品安装做好准备。
2. 选择面盆时要注意与水龙头相配，水龙头质量的好坏直接影响使用的舒适性。

避开这些坑!

选一个好马桶要完成这四步骤

受访者
幸福猪

装修苦水

"我家买马桶可费老劲了，坑距记错，换了一次；买了虹吸式马桶，但不适用于我家的下水管，又换了一次。来来回回折腾了两周才把马桶安装上"。

马桶好不好对卫生间来说太重要了，要选购一款合适的马桶要做四个准备：

1. 确定坑距

马桶的下水管中心距墙的距离，一般有300mm、350mm、400mm、450mm等，要选择匹配坑距的马桶，以免马桶买回来装不上去。

确定坑距

3. 检测排污效果

在马桶内放入一张纸并滴一滴墨水，好的马桶应该是一次排放不留痕迹。

2. 选直冲式还是虹吸式？

①直冲式

优点：冲水速度快、冲力大、强排污，不容易造成堵塞。
缺点：冲水声大；防臭功能不如虹吸式。

②虹吸式

优点：冲水噪音小、存水较高，防臭效果优于直冲式。
缺点：比较费水，冲水时易堵塞。

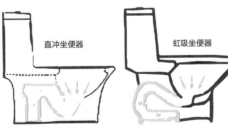

直冲管道如图蓝色区域所示，管道比较大，弧度小。

虹吸管道如图蓝色区域所示，管道小一点，弧度大。

4. 摸表面

好的马桶釉面和胚体都十分细腻，中低档的马桶比较粗糙，颜色暗淡。

住范儿工长
毛秀兵

工长提醒：
水电改造前一定要选好马桶型号，确定好坑距，应预留插座，避免后期使用智能马桶盖时找不到电源，且预留电源时一定要注意不要让马桶挡住插座。

马桶遮住插座

马桶到底能不能移位

受访者
陈橙

装修苦水

"新家的马桶设计不太合理,最终设计稿可能要移位1m,很担心防水问题以及以后使用会不会经常堵塞。马桶到底能不能移位呢,很纠结。"

马桶下水位置不建议移动,如果条件允许,可以参考以下方法。

专用移位器

方法一: 使用移位器

方法: 使用专用移位器,适用10cm以下的距离。
缺点: 安装后排水距离长,容易引起马桶堵塞,并且气压变大,使卫生间长期存在异味。

改造下水管道

方法二: 改造下水管道

方法: 改造卫生间的整体结构和下水道的结构。
缺点: 需抬高卫生间地面高度,而且要将楼下顶部做一个弯头,以避免堵塞,因此需经楼下邻居同意。

改变马桶形式

方法三: 改变马桶形式

方法: 使用墙排式马桶,移位管道沿着墙壁走,不需要垫高地面。
缺点: 安装程序复杂,一旦马桶出现问题,要砸墙。

住范儿工长
毛秀兵

工长提醒:
1. 马桶移位除了考虑堵塞问题,还得注意管道的密封性。特别是不同管道之间的接口位置,要多次检查是否有渗漏。
2. 如果选择移位,一定要将基槽清理干净,做好附加防水,且必须做足闭水试验的时间。

避开这些坑！

卫生间泄水坡这样做才能不积水

受访者
麦客

装修苦水

"家里的卫生间老是积水，水不往地漏里走，朋友说是装修时地面坡度没留够，每次洗澡都要用扫帚把水扫掉才行，很麻烦。"

卫生间因为水多，为了能尽快让水流到地漏里，地面都要做一定的坡度，否则长期积水会破坏防水层的功能。

施工规范：

1. 泄水坡的坡度是从最边缘处到排水口（地漏）的距离，每隔 1m，下降 1cm。

2. 如果用了 U 型地漏，会减慢排水的速度，这种情况下可以增加泄水坡的坡度。

住范儿工长
毛秀兵

工长提醒：
1. 泼水，看水是否往地漏流。
2. 放一个乒乓球，看它是否往地漏滚。

3. 卫生间不适用表面有纹路的地砖，这样的砖更增加积水的机会。

4. 如果卫生间内有淋浴间，淋浴间要单独有自己的泄水坡。

5. 地漏为整个卫生间的最低点，在铺设地砖时，一定要将四周的地砖进行切割处理，这样便于水流的通畅。

纹路地砖

泼水，看水是否往地漏流